Al-based Energetic Nanomaterials:
Design, Manufacturing, Properties and Applications

铝基纳米含能材料
——设计、制备、性质与应用

[法] 卡罗尔·罗西（Carole Rossi）著
任慧 闫涛 刘洋 译

北京理工大学出版社
BEIJING INSTITUTE OF TECHNOLOGY PRESS

版权专有　侵权必究

图书在版编目（CIP）数据

铝基纳米含能材料：设计、制备、性质与应用/（法）卡罗尔·罗西（Carole Rossi）著；任慧，闫涛，刘洋译. —北京：北京理工大学出版社，2020.1

书名原文：Al–based Energetic Nanomaterials: Design, Manufacturing, Properties and Applications

ISBN 978-7-5682-7536-1

Ⅰ. ①铝… Ⅱ. ①卡… ②任… ③闫… ④刘… Ⅲ. ①铝基复合材料-纳米材料-功能材料-研究 Ⅳ. TB333.1②TB383

中国版本图书馆 CIP 数据核字（2019）第 185511 号

北京市版权局著作权合同登记号　图字 01-2017-8058 号

Title: Al–based Energetic Nanomaterials: Design, Manufacturing, Properties and Applications by Carole Rossi, ISBN: 9781848217171

Copyright © ISTE Ltd 2015

All Rights Reserved. This translation published under license. Authorized translation from the English language edition, Published by John Wiley & Sons. No part of this book may be reproduced in any form without the written permission of the original copyrights holder

Copies of this book sold without a Wiley sticker on the cover are unauthorized and illegal

出版发行 /	北京理工大学出版社有限责任公司
社　　址 /	北京市海淀区中关村南大街 5 号
邮　　编 /	100081
电　　话 /	（010）68914775（总编室）
	（010）82562903（教材售后服务热线）
	（010）68948351（其他图书服务热线）
网　　址 /	http://www.bitpress.com.cn
经　　销 /	全国各地新华书店
印　　刷 /	保定市中画美凯印刷有限公司
开　　本 /	710 毫米 × 1000 毫米　1/16
印　　张 /	10.25
字　　数 /	146 千字
版　　次 /	2020 年 1 月第 1 版　2020 年 1 月第 1 次印刷
定　　价 /	58.00 元
责任编辑 / 封　雪	
文案编辑 / 封　雪	
责任校对 / 刘亚男	
责任印制 / 李志强	

图书出现印装质量问题，请拨打售后服务热线，本社负责调换

前言

在过去20年间,纳米化学和纳米技术迅速发展,已经实现多种材料和氧化物在纳米尺寸的制备,从而使得制备新型含能复合物与纳米含能材料成为可能。铝热剂混合物、金属间化合物反应体系以及纳米金属燃料通常被称为纳米含能材料。纳米含能材料被各国学者详细研究,其在火工烟火领域具有非常广泛的应用。在火工烟火行业里,纳米含能材料主要用作传统产气剂的一种成分以及用于近年来瞩目的新含能复合物。引入纳米技术使得金属基活性材料的表面积增大、扩散间隙降低,从而提升反应速率、缩短点火延滞期,并改善了安全性[BAD 08,DLO 06,DRE 09,ROS 07][1-4]。正因为有如此多的技术优势,纳米含能材料的研究工作得以迅猛开展。近年来,从原子尺度描述界面区域的新观点为调控纳米材料热性能提供了另外的思路和方法[HEM 13,KWO 13][5,6]。新型金属基含能材料本身以及作为成分添入推进剂和炸药配方具有很多优势,有望满足高能量密度、低撞击感度和高燃烧温度,同时在反应中有大量的气体生成。给纳米含能材料重新分类,亦可称其为活性纳米材料,这些活性纳米材料将引发烟火药、炸药和推进剂相关材料以及小尺寸集成火工器件的突破性变革。随着研究的深入进行，纳米含能材料集成于微机电系统（MEMS）取得了一些新进展，这些新成果开创了"纳米含能芯片化"器件发展的美好前景，并开启了微小型火工系统在推冲装置［APP 09，CHU 12，ROS 02］[7~9]、微点火和快速起爆［CHU 10a，ZHA 13，WAN 12，ZHA 08，MOR 10，ZHO 11，ZHU 11，MOR 11，STA 11d，QIU 12，YAN 14，MOR 13，TAT 13，ZHU 13，LEE 09，BAE 10，HOS 07］[10~25]等若干领域的潜在应用。

伴随着新型击发药、炸药和推进剂添加剂［STA 10，REE 12，WAN 13］[26-28]、新材料处理工艺［LEE 09，BAE 10，HOS 07］[23~25]的出现和发展，表明活性纳米材料在这些领域具有标志性应用。此外，大量研究工作证实铝热剂体系新颖奇特的应用前景，例如 MEMS 能量源［ROS 07］[4]、压力可调的分子输运［ROD 09，KOR 12］[29,30]、材料合成［RAB 07，KIM 06，MCD 10］[31-33]、生物剂失活、制氢以及用于能量储存的纳米电源［PAN 09b］。

本书采用自下而上的论述方式，从纳米材料合成到领域应用。从高活性燃料纳米铝颗粒的制备入手，详细阐述迄今为止成功制备铝基活性纳米材料的若干方法。综述了表征纳米铝粉的技术手段及发展，基于公开发表的文献，解释了铝基活性纳米材料点火与燃烧的基础机理。本书还指出了纳米含能材料及其相关结构应用的可行性和局限性，并介绍了材料化学性质和热性能的分析结果。书中以自持燃烧速度为表征参数，通过反应放热和反应活性来整体评价活性材料的效能，本书最后描述了纳米含能材料蕴含的丰富应用潜力，勾勒了铝基活性纳米材料与微机电系统集成制造的美好前景。

同时希望通过此书的出版，将我们已有的专业认知和相关的研究经历致力于高端铝基纳米含能材料的工程实践。经过20年的研究，许多优秀的综述类文章均全面细致地研讨了纳米含能材料，特别是铝基活性材料的发展历程，本书引用了其中很多优秀的成果，并给出了参考文献，这些文献为本书的内容增色不少，我们热忱地鼓励读者朋友们积极查阅［DRE 09，ROS 07，ROG 10，ROG 08，ROS 14，ROS 08，ADA 15］。

致谢

首先，感谢我的同事 Alain Esteve 博士，法国国家科学研究院研究员，他提供给我大量的观点和专业意见，对我们科研团队的研究工作给予了大力的支持和指点，极大提升了本书的专业水平；同时也要感谢我所有的博士生和博士后，他们参与实施了所有技术性研究工作。要感谢的人很多，在此我想着重感谢 Gustavo Ardila – Rodriguez 博士，Marine Petrantoni 博士，GuillaumeTaton 博士，Jean Marie Ducere、Theo Calais、Ludovic Glavier 和 Vincent Baijot，并向 Daniel Esteve 博士、Mehdi Djafari – Rouhani 和 Veronique Conedera 教授表示感谢，谢谢他们在我的研究中给予的帮助。最后，因篇幅有限，我要向自从 1997 年开始陪伴我但是没有提及名字的所有人表示歉意。

目　录

1　纳米尺度铝金属燃料 ··· 001
1.1　铝纳米颗粒制备 ··· 002
 1.1.1　气相凝结法 ··· 002
 1.1.2　湿化学法 ··· 006
 1.1.3　机械法 ··· 006
1.2　纳米铝颗粒钝化方法示例 ··· 007
 1.2.1　金属基包覆 ··· 008
 1.2.2　有机类包覆 ··· 008
1.3　铝纳米颗粒性质表征 ··· 010
 1.3.1　光散射方法 ··· 011
 1.3.2　气体吸附法：比表面积测量，BET 直径 ························· 012
 1.3.3　热分析：纯度或铝含量比和氧化层厚度 ························· 012
 1.3.4　化学分析 ··· 014
1.4　铝的氧化：基础化学及模型 ······································· 014
 1.4.1　铝氧化初始阶段的第一性原理计算 ····························· 015
 1.4.2　缓慢加热条件下铝氧化的热力学模型 ··························· 016
1.5　为什么将铝纳米颗粒应用于推进剂和火箭技术 ····················· 021

1.5.1 降低熔点 ·· 021
  1.5.2 增强反应活性 ·· 022

2 铝纳米颗粒在凝胶推进剂和固体燃料中的应用 ·············· 024
  2.1 胶体推进剂 ·· 024
  2.2 固体推进剂 ·· 026
  2.3 固体燃料 ·· 027

3 纳米铝颗粒应用——铝热剂 ·································· 029
  3.1 制备方法 ·· 031
    3.1.1 超声混合纳米颗粒 ···································· 031
    3.1.2 超临界快速膨胀分散（RESD） ·························· 034
    3.1.3 纳米颗粒分子自组装 ·································· 034
  3.2 主要参数 ·· 037
    3.2.1 堆积密度、理论密度和压实密度 ······················ 037
    3.2.2 化学计量比 ·· 039
    3.2.3 铝和氧化剂颗粒尺寸 ·································· 041
    3.2.4 钝性氧化层 ·· 043
  3.3 燃烧压力测试 ·· 045
  3.4 燃烧实验 ·· 046
    3.4.1 开放环境 ·· 046
    3.4.2 光学温度测量：光谱学 ································ 048
    3.4.3 光电二极管 ·· 048
    3.4.4 封闭燃烧测试 ·· 049
  3.5 点火测试 ·· 050
    3.5.1 冲击点火 ·· 051
    3.5.2 高速加热（$10^6 \sim 10^7$ ℃/s） ···················· 051
    3.5.3 均匀缓慢加热（10~100 ℃/s） ························ 051
  3.6 静电感度测试（ESD） ······································ 052

4 其他反应活性纳米材料和纳米铝热剂 ························ 056
  4.1 溶胶-凝胶技术 ··· 056
  4.2 反应活性多层箔 ·· 059

  4.2.1 双金属多层箔 ………………………………………… 061
  4.2.2 铝热剂多层箔 ………………………………………… 064
  4.2.3 结论 …………………………………………………… 069
 4.3 致密活性材料 ………………………………………………… 069
  4.3.1 抑制球磨法（ARM） ………………………………… 069
  4.3.2 冷喷涂凝结技术 ……………………………………… 073
 4.4 核壳型材料 …………………………………………………… 074
 4.5 活性多孔硅 …………………………………………………… 077
 4.6 其他含能材料 ………………………………………………… 079

5 燃烧和压力产生机理 ……………………………………………… 082
 5.1 Al 颗粒燃烧的普适性规律：微米级和纳米级，基于扩散
   理论的动力学 ………………………………………………… 084
 5.2 氧化层中的应力和核收缩模型 ……………………………… 086
 5.3 铝燃烧过程的扩散反应机理 ………………………………… 087
 5.4 熔融分散机理 ………………………………………………… 089
 5.5 气体和压力产生机理 ………………………………………… 090
  5.5.1 动力学模型 …………………………………………… 090
  5.5.2 Al/CuO 应用实例 …………………………………… 092

6 应用 ………………………………………………………………… 095
 6.1 活性焊接 ……………………………………………………… 096
 6.2 微点火芯片 …………………………………………………… 098
 6.3 微作动/推进 ………………………………………………… 101
  6.3.1 高能作动器 …………………………………………… 101
  6.3.2 快速脉冲纳米铝热剂型推进器 ……………………… 101
  6.3.3 低能作动器 …………………………………………… 104
 6.4 材料加工以及其他领域 ……………………………………… 107

7 结论 ………………………………………………………………… 108

8 参考文献 …………………………………………………………… 111

9 专业术语对照表 …………………………………………………… 142

1
纳米尺度铝金属燃料

将固体推进剂、火炸药和烟火药中的微米级金属燃料，如铝粉或硼粉用相应的纳米尺度材料（纳米铝粉）替代已成为近年来新型火箭推进剂和固体燃料设计发展的趋势。纳米尺寸颗粒在应用中有以下特点：

（1）缩短点火延滞期。

（2）降低燃烧时间，增加燃烧彻底性，进而提高比冲。

（3）高比表面积从而提升传热速率。

（4）有利于研发内含新燃料的推进剂体系，使推进剂具有理想的物理性质和能量特性。

此外，纳米尺度材料的可控制备与性质的可调可控使其在应用上有了新的拓展，例如，作为固体燃料应用于汽车发动机 [KLE 05]。

目前已研发了多种技术手段成功制备出不同性质、大小和形貌的纳米颗粒，本书重点关注纳米铝粉。纳米铝粉在工程实践中主要用于推进剂、火炸药和烟火药中的重要添加剂。铝不仅能够为体系提供适宜的高能量密度，同时铝在地壳中的含量很高，原料来源丰富，可以满足大批量生产的使用需求 [STA 10，REE 12，WAN 13，DUB 07]。CL20（$C_6N_{12}H_6O_{12}$）燃烧焓仅为 8 kJ/g（图 1.1）[SIM 97]，相比之下，铝氧化成氧化铝（Al_2O_3）会释放出 31.1 kJ/g 的能量。硼（B）也是一种非常好的添加剂，B 氧化为 B_2O_3 释放能量为 58.9 kJ/g，但是其表面生成低熔点的氢硼氧类中间产物（HBO、HBO_2），会减缓燃烧进程，从而降低能量释放速率。

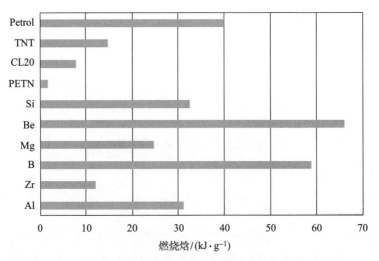

图1.1 部分单分子含能材料与若干金属燃料最大燃烧焓的对比

1.1 铝纳米颗粒制备

纳米含能材料领域研究的快速发展离不开纳米铝粉制造技术的进步。正是这一契机带动了实验室研究项目体量和数量的成倍增长。按照制备方法的不同,将金属纳米颗粒的制备分为三类:气相凝结法、少量的液相湿化学法和机械法。下面分别讨论。

1.1.1 气相凝结法

1.1.1.1 电爆炸与金属丝气化

绝大多数关于铝纳米颗粒及其复合含能材料研究中使用的纳米铝粉都是通过电爆炸法(EEW)在不同环境气氛下制备得到的。该方法源于Narme和Faraday(1774)的工作,20世纪80年代末苏联科学家率先开展金属纳米粒子制备研究[DOL 89],自那时起,该实验技术为各国学者争相研究,并逐步改进[SED 08,IVA 03,JIA 98,KWO 01,SAR 07]。电爆炸过程伴随有冲击波产生,同时金属丝瞬间被快速升温

至 10^4 ℃，升温速率大于 10^7 ℃/s。金属丝爆炸的物理本质迄今依然是研究课题，但在爆炸中形成等离子体已是不争的事实，等离子体的空间分布受到脉冲产生高强度场的限制，当金属蒸气压力大于金属的内聚力时，电流被突然中断，瞬间产生等离子体，此时大量金属团簇以超声速速度形成。EEW 技术能制备出粒径在 40～100 nm 之间，比表面积为 10～50 m^2/g 的 Al、Ti、Zr、Mg 及其他金属的纳米粉末。该方法可用于大规模制备金属粉，生产能力大约为每小时几百克，纳米粉末的生产速率主要取决于金属种类。

即使电爆丝法制备工艺在惰性气氛下实施（如 He、Ar 或者 Xe），但是纯铝粉在形成团簇的同时不可避免会发生自燃，铝颗粒会自发、被钝化形成薄的氧化铝层，氧化铝薄层在低温下自发形成，属于无定形态，其厚度范围为 0.5～4 nm。商业化生产纳米铝粉的多数实验数据给出的氧化层厚度范围为 2～3 nm。控制颗粒氧化层厚度的方法是在纳米颗粒形成后将其在可控的保护性氧化气氛中缓慢钝化（参见图 1.2）。这样做的目的是有效避免新生成的纳米金属粉末在储存中发生进一步氧化。实际上，新制备的铝纳米颗粒对任何氧化性气氛均敏感，从而导致不同性质和厚度的氧化层形成，例如颗粒表面形成氢氧化物钝化层。钝化阶段通常作为单独的处理步骤，将反应器中的惰性气体抽空，再用氧化性混合气体填充。通常，含有较低氧分压（例如总压力的 0.01%）的干燥气氛就足以控制样品钝化过程。ALEX®是通过 EEW 技术［SAR 07，TEP 00］生产纳米粉末的主要制造商，ALEX®公司通过金属丝电爆法获得的纳米铝粉末典型的透射电镜（TEM）照片如图 1.3 所示。

铝纳米颗粒也可以通过给细铝丝加载强电流从而造成金属丝气化，随后铝蒸气凝结获得。在凝结之后，收集爆炸容器内壁上的颗粒样品。非铝之外的许多其他金属或者合金的纳米颗粒也可以用此方法获得，例如 Cu、Ni、Fe、Cu/Zn、TiO_2、TiN、Fe_2O_3，等等。研究人员曾经广泛、深入地对比研究了压力、环境气氛、电流脉冲特征以及其他实验参数对制备的影响规律。目前业界普遍达成的共识是，压力越高制备得到的颗粒越粗糙，有的研究报道认为提高惰性气体压力会增加铝纳米颗粒

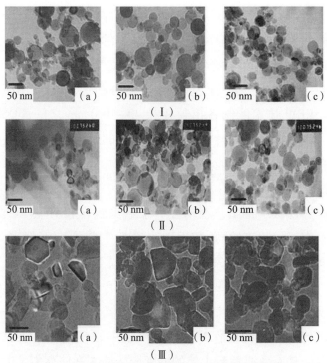

图 1.2 不同气氛下制备的铝纳米颗粒透射电镜照片

不同氧分压环境：(a) 0.025 MPa，(b) 0.05 MPa，(c) 0.1 MPa [SAR 07]（版权 2007，爱思唯尔出版集团）

(Ⅰ) 氦气；(Ⅱ) 氩气；(Ⅲ) 氮气

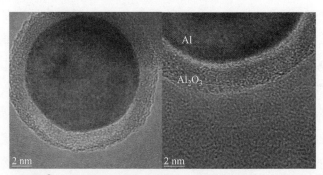

图 1.3 ALEX® 铝纳米颗粒透射电镜照片，纯铝核包覆有 3~4 nm 的氧化铝壳

的产量。这一技术工艺能够在不同环境中制备铝纳米颗粒。通过改变气氛的组成和浓度，可以调控钝化层的组分。例如，包覆薄层为 AlN、Al(OH)$_3$ 或者 n-Al$_4$C$_3$ 的铝颗粒，均可通过将电爆炸实验环境气氛设计为氮气-氩气混合器、水或者癸烷获得。其他种类的钝化壳也有相应研究，例如含氟聚合物、硬脂酸和油酸以及二硼化铝。在图1.4中，可以看到双层有机钝化包覆的铝颗粒，本书后述章节对钝化层有详尽说明。

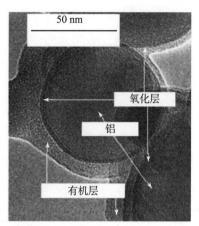

图1.4 硬脂酸钝化处理的铝纳米颗粒扫描电镜照片 [GRO 06b]（版权2006，约翰·威立出版集团）

电爆炸方法制备纳米金属粉具有很多优势：操作简单，高效，容易制备大量纳米颗粒。通常情况下，金属丝电爆法制备的颗粒尺寸的粒度分布较宽，从40 nm到100 nm不等。通过改变流过金属丝的高能电场能量，选择适宜的环境气氛可以控制纳米颗粒的尺寸和形貌。

1.1.1.2 其他方法

有研究提出若干其他制备纳米铝颗粒技术并得到应用。文献报道有人利用可控的气相凝结技术处理雾状球形铝或微米铝粉气溶胶，从而制得铝纳米颗粒。盛有球形铝粉的坩埚在流动的惰性气氛中加热直至气化。加热可以通过若干不同的手段实现：辐射加热、感应加热、激光、电弧或特殊高温炉，等等。凝结过程的压力和气氛属性对颗粒特征影响很大：低压（低于1 kPa）的惰性气体会形成纳米颗粒，气体压力增大则颗粒的尺寸随之增加，除此之外，金属蒸气在相对密度小的惰性气体（如He、Ar或Xe）中凝结可以制备出更细的颗粒。

金属的低温熔融是制备金属纳米粉末的另一种有效方法，金属蒸气在低温液体中自发冷凝而形成金属颗粒。高能加速器中的金属棒被快速感应加热从而产生金属蒸气，这种加热方法在极短时间内产生很高的蒸气压，低温液体被连续送入反应器中，通过饱和金属蒸气的快速冷凝制备得纳米颗粒，低温液体快速冷却颗粒，使之达到饱和并快速结晶，据文献报道，该方法制备的颗粒直径在 70 nm 以下，特别适用于高熔点金属的纳米粒子制备。

1.1.2　湿化学法

商业化制造纳米铝粉中湿化学技术很受欢迎，这是因为湿化学法装置简单，在液相环境下处理活性粉末本质安全性高，在制造过程中可以人为掌控颗粒表面修饰与官能化。在文献［HIG 01］中，通过惰性气氛下有机溶剂中铝烷加合物的分解来制备铝纳米粉末。经过实验验证，上述加合物种类很多，包括三烷基胺、四甲基乙二胺、二恶烷和其他芳族胺和醚，等等。通过调节催化剂浓度和改变加合物种类及浓度，可获得 65~500 nm 范围内颗粒均匀、粒度分布可调的产物。已有湿化学技术制备的典型工艺是，一定剂量的起始溶液小心缓慢地混合，接着连续搅拌及对产物进行干燥。显然，这种工艺不适合大规模生产，要想获得所需的活性纳米粉末，必须进行实质性改良，因此，到目前为止，湿化学技术制备纳米铝粉还没有实现商业化。

1.1.3　机械法

研磨法是作为气体冷凝法或金属丝电爆法之外制备高活性颗粒的又一技术手段。在文献［AND 13］中，Andre 等提出了用机械研磨来制备活性铝纳米颗粒。目前的研究主要是开发性能优良的纳米结构粉末研磨技术，并与不同种类的微米尺寸颗粒进行对比［PAT 12］。由于铝材料的高延展性，机械类方法非常适于制备铝纳米颗粒。在研磨过程中引入氧可获得高比表面积的粉末，最佳比表面积约为 20 m^2/g，但制备出的纳米颗粒是非球形。在此需要指出的是，铝核是多晶结构（参见图 1.5），并且无定形态的氧化铝壳比之前所有方法得到的壳更厚。具体来说，Andre 等使用研磨技术合成铝纳米粉末，测得厚度为（4.5±0.5）nm，制备条件如下：使用来自 AlfaAesar[1] 的高能行星式球磨设备研磨纯度为 99.8% 的粉末，容器和平台旋转方向相反，旋转速度分别为 800 r/min 和 400 r/min，研磨时间为 16 h，加入一定量的空气（71 cm^3）以监控薄氧化铝层的形成。

图1.5　高能球磨制备的铝纳米颗粒的透射电镜照片［AND 13］（版权 2013，爱思唯尔出版集团）

（a），（b）团聚的颗粒；（c）铝核多晶结构放大；（d）无定形态氧化铝层放大

与气相凝结法得到的纳米颗粒区别在于晶界处有氧化铝。

1.2　纳米铝颗粒钝化方法示例

铝颗粒表面的钝化对于安全性和后续处理非常重要，同时钝化层对铝粉热性能和能量效能也有很大影响。如前所述，纯铝会发生自燃，同时其表面会形成一薄层无定形氧化铝钝化层，厚度为 0.5~4 nm，氧化铝壳厚度取决于暴露在氧环境中的时间（主要与储存时间有关）。目前关于纳米铝粉的研究集中在如何依据不同策略来制备高品质和表面钝化层完好的颗粒，下文将详细介绍。研究的主旨是开发表层包覆的钝化物，使其既可以保护颗粒在空气中储存时不被氧化，同时又不影响颗粒燃烧性能。此外，还要防止氧化铝钝化层的进一步生长，增加铝粉纯度（即纯铝在整个产品上的比例），保证其储能的可靠性。通常由蒸气冷凝制备的铝颗粒表面会有自然形成的氧化铝钝化层，纳米铝粉颗粒度为 20~80 nm，相应的纯度为 42%~81%，纯度数据主要依赖于颗粒直径的变化，钝化壳厚度一般约为 2 nm。使用钝化层包覆可以防止自发氧化，粉末中金属铝的含量可以高达 95%~98%，显著提升了单位质量纯铝的百分比。在此，我们将包覆层分为金属基钝化层和有机类包覆层。

1.2.1 金属基包覆

例如，在铝纳米颗粒上附着过渡金属层，以防止它们在空气中氧化。在文献［FOL 05］中，通过在惰性气氛下钛催化铝烷溶液的热分解制备出纳米铝粉。在文献［GAO 07］中，纳米铝粉通过混合干燥铝与镍盐共混的 NaOH 溶液制备而得。这两种情况都是将铝纳米颗粒用作过渡金属络合物的还原剂，使得在铝表面上生成还原的金属膜。

1.2.2 有机类包覆

在不同的钝化方法中，文献［JOU 05a，JOU 06］报道了表面包覆非金属自组装单层膜（SAMs）的纳米铝粉。通过在 $Ti(O^iPr)_4$ 溶液中 $H_3Al \cdot NMe_3$ 或 $H_3Al \cdot N(Me)Pyr$ 的催化分解（详情参见［JOU 05b］）并且使用全氟烷基羧酸 SAM 原位包覆，在溶液中制备铝纳米颗粒。铝颗粒直接在溶液中进行包覆，因此没有暴露在氧气中，观察到 SAM 包覆钝化铝可防止颗粒暴露于空气氧化。与氧化铝包覆的纳米颗粒相反，它使纳米粉末可溶于极性有机溶剂如乙醚［JOU 05b，JOU 06］，所得复合颗粒（包覆有机物的铝）如图 1.6 所示。保护层显然相当厚，导致材料的能量密度总体降低。

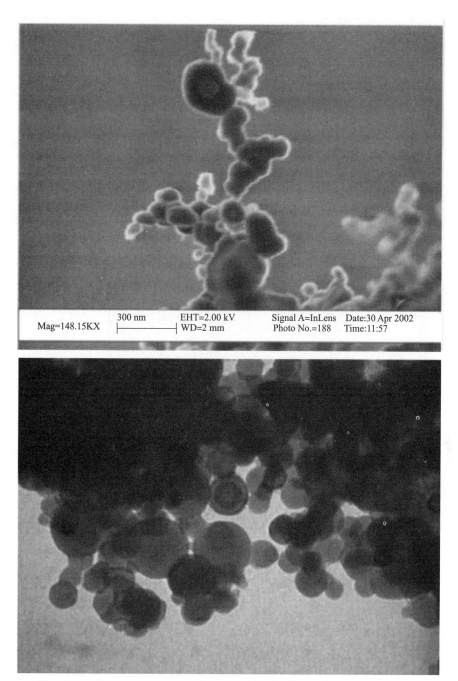

图1.6 Al/C_8F_{17}COOH 复合物 148 000 放大倍数和 Al/$C_{13}F_{27}$COOH 复合物 200 000 放大倍数下的扫描电镜照片 [JOU 05b]（版权 2005，美国化学学会）

针对铝纳米颗粒表面钝化的新方法一直在探索研究，希望不久的将来在该领域会取得实质性进展。例如，最近在文献［ZHA 07］中讲述了纳米铝粉在聚苯乙烯中的包覆，结果显示其能有效阻止铝的氧化。

在文献［PAR 06］中，Rai 等研究了碳作为钝化层的性质。他们使用激光烧蚀或直流（DC）电弧方法，不间断地生产并包覆铝纳米颗粒。将乙烯（C_2H_4）注入由激光器产生的等离子体来制备碳包覆层，得到厚度为 1~3 nm 碳包覆的铝纳米颗粒，如图 1.7 所示。低于 700 ℃时，包覆层是稳定的，但是在 800 ℃以上碳包覆层会发生氧化。

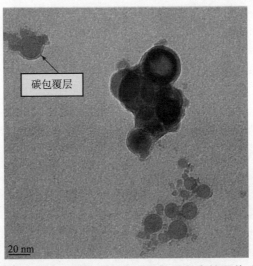

图 1.7 直流电弧法制备的碳包覆铝纳米颗粒透射电镜照片［PAR 06］（版权 2006，施普林格出版集团）

1.3 铝纳米颗粒性质表征

在添加含能混合物或含能方面的应用之前，对铝纳米粉末的关键性质应有一定了解，包括粒度、粒度分布、粒子形态、化学组成、钝化层的性质和厚度以及活性金属的百分比，这些数据在确定铝粉反应活性和点火温度时非常重要。表征纳米颗粒结构和测量粉末粒度分布的方法有很多，本节将介绍文献提到的表征纳米铝粉结构的技术与方法，并基于此研究它们在含能材料体系中的热响应行为。

尺寸、颗粒形状和粒度分布可以通过电子显微镜如扫描电子显微镜（SEM）和透射电子电镜（TEM）获得。电镜是确定颗粒形状、尺寸并给出表面形貌的常用工具（见图1.7和图1.8）。为了使表征结果具有代表性，测量应该包括大量的颗粒和不同位置信息的样品，然后通过图像分析测定粒度分布。通常，当单个颗粒的直径彼此相差在10%以内时，视为单分散粉末。

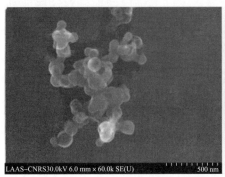 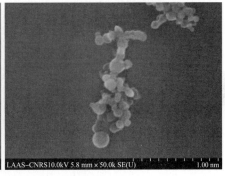

图1.8 纳米铝粉颗粒的扫描电镜照片

高分辨率透射电子显微镜（HR-TEM）也成功地用于表征不同环境下铝颗粒氧化层包覆情况。前文中的图1.3显示铝纳米颗粒核及其表面钝化层，在已发表的论文可以找到很多类似的实例。由于氧化层的无定形特性，详细解析氧化物结晶度、微观结构及均匀度等进一步的研究工作困难很大。

1.3.1 光散射方法

颗粒粒度可以用激光光散射（LS）技术来定量表征，市面上已有若干基于此技术开发的商业设备。低角度光散射（LALS）是唯一的LS技术，可准确测量由单个粒子和入射光之间相互作用引起的散射光强度，因此散射光强度与粒径和质量成正比，散射行为也取决于光波长，这些仪器通常用于微米尺寸颗粒及其团聚体的尺寸表征。然而，使用散射激光发射光谱处理的特定算法还能够测量更小的尺寸，通常低至

50~100 nm 范围。这种类型的测量的主要优点是可以表征具有相对宽粒度分布的颗粒，然而，为了精确测量，必须已知材料表面的光学性质。对于许多材料，这些性质都没有很好地明确，尤其是纳米尺度颗粒。如前所述，纳米尺度材料的性质与相应的宏观尺度材料性质相差甚远。

另一组激光 LS 装置是动态 LS 或光子相关光谱。激光聚焦到悬浮液中，通过测量分散在液体中的颗粒散射激光强度的波动率来确定颗粒尺寸。悬浮液中颗粒的布朗运动导致激光以不同的强度散射，对这些波动强度的分析能够给出布朗运动速度，并进而使用斯托克斯－爱因斯坦关系得出粒子尺寸。测量需要假定流体黏度、尺寸分布函数的特定形态，才可以得到平均粒度和粒度分布宽度的定量值。动态 LS 技术有许多优点，例如可在短时间内提供精确的、重现性好的粒度分析数据。

1.3.2 气体吸附法：比表面积测量，BET 直径

除了电子显微镜之外，用于确定粒度的一种常见的表征技术是基于颗粒的气体体积吸附以得到颗粒的比表面积，使用 Brauner、Emmett 和 Teller（BET）理论计算得到表面积。通常，表面积通过使用气体吸附分析仪氮气吸附法测定。"BET 直径"的比表面积指假设要测量样品的比表面积等同于单分散球形颗粒产生的比表面积，在纳米粉末中并不确定如此。这种技术和相关联的理论是公认且广泛使用的，同时也有几种商业化设备可供分析使用。BET 方法可提供关于超细颗粒样品更准确的实验数据。

1.3.3 热分析：纯度或铝含量比和氧化层厚度

热分析技术被广泛用于表征含能材料，特别是差示扫描量热测试（DSC）和热重分析仪（TGA）。在后一种技术中，将少量粉末（通常为 5~10 mg）置于坩埚中，并在流动空气或氩气（Ar）和氧气（O_2）的混合物下以低加热速率（5~40 ℃/min）加热，样品在实验前后都会进行称重。对于 DSC，在第一次加热周期后，将样品冷却至室温后以相

同的加热速率再次加热，第二次加热分析用于校正基线，假设样品的体积热容量在第一次和第二次加热运行之间不改变，注意，热分析依赖于关于自然钝化层的密度、结构和均匀性的假设。在热分析之前，样品必须进行详细的化学组成、颗粒尺寸、尺寸分布等方面的良好表征，以确保优良的热测量精度。实际应用中，需要足够数量的重复测量。

图1.9给出了30~1 000 ℃的温度范围内，Ar + O_2 环境中以10 ℃/min加热速率加热铝纳米颗粒氧化的典型TGA曲线，活性铝含量可以容易地从热重分析仪中的质量增益测量获得。在Ar/O_2 混合气氛（典型的配比为75/25）下TGA中的质量增加 $\Delta m(\%)$ 归因于活性铝的氧化：

$$4Al + 3O_2 \rightarrow 2Al_2O_3$$

铝含量或纯度 P 可以通过以下公式进行计算，根据质量平衡和氧化铝中铝与氧的质量比确定：

$$P = \frac{108}{98}\Delta m(\%) \tag{1.1}$$

当颗粒粒度在20~80 nm，假想氧化层厚度为2 nm时，P 通常在41%~80%。已知 P 和总体颗粒直径，氧化层厚度（t_{oxide}）可以通过式（1.2）计算：

$$t_{oxide} = \frac{d}{2}\sqrt[3]{1 - \frac{P \times \rho_{Al_2O_3}}{m_{Al_2O_3 + P(\rho_{Al_2O_3} - \rho_{Al})}}} \tag{1.2}$$

$\rho_{Al_2O_3}$（3.05 g/cm^3）和 ρ_{Al}（2.7 g/cm^3）分别为无定形氧化铝和室温下铝的密度。注意在此假设 Al_2O_3 为无定形态，密度为3.05 g/cm^3。

然而，据报道，氧化铝钝化层全是多孔结构，部分为水合结构，可能厚度不均匀。[SEV 12，BAR 84] 近期利用快速 γ 中子活化分析和HR – TEM研究表明，纳米铝粉末上的无定形氧化层还会含有氢氧化物、捕获的水分子和硼杂质，氧化物厚度由HR – TEM照片确定，同时测量粒度分布。

多种表征工具（DSC，TGA，TEM，…）的组合使得更容易适当地估计粉末中纯铝的质量分数。P 数据来自TGA曲线，还可用于确定活化能、纯度或活性铝含量、氧化物层厚度和粒度。铝纳米粉末在Ar/O_2

中的 TGA 曲线如图 1.9 所示。

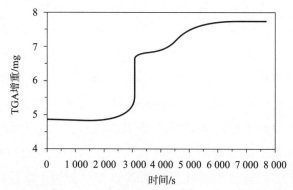

图 1.9　铝纳米粉末在 Ar/O_2 中的 TGA 曲线（TGA 扫描升温速率为 10 ℃/min，气氛为 25/75 的 O_2/Ar）

1.3.4　化学分析

采用电感耦合等离子体（ICP）进行化学分析是另一种确定纳米粉末纯度以及 Al/Al_2O_3 比例的手段。通过假设氧仅存在于氧化物钝化层中，得到从氧含量得出的金属铝含量。

1.4　铝的氧化：基础化学及模型

在本节中，我们考虑铝粉在低加热速率下氧化，例如小于 40 ℃/min 的升温速率。广为人知的是，相比于微米尺寸铝粉，纳米粉末的氧化开始温度更低。铝的氧化速率取决于材料温度，图 1.10 给出了其典型曲线。

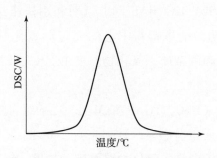

图 1.10　铝在 O_2/Ar 氧化环境下的典型 DSC 曲线

导致形成氧化铝钝化层的复杂氧化过程仍然未能给出解释，但是有些文献提出了少量化学反应、氧化现象与机制较好地解释了实验结果。接下来的部分中将给出介绍。

1.4.1 铝氧化初始阶段的第一性原理计算

铝氧化的早期阶段（$n=0$）在研究中引起很大的兴趣，这是由于其实际应用中的重要性，同时也由于该过程被认为是理解金属表面氧化基本规律的模型体系。在实验方面，关于铝早期和不同阶段下氧化的第一个全面的照片由 Brune 等于 20 世纪 90 年代初在 STM 实验中获得。在低吸附（几层朗格缪尔）和室温条件下，分子氧表现出解离化学吸附。氧原子在解离后分离，显示可以通过其超热运动增强，因为化学分解反应本质为放热反应。该过程伴随着表面的扩散，导致形成氧（1×1）花纹，在高表面对称中空位点上吸附氧原子的团簇。增加着附率，仍然在形成氧（1×1）单层覆盖之前，氧团簇开始在团簇位置形成，这意味着铝和氧物质的结合开始。吸附热动力学形成氧（1×1）团簇及氧化物和铝界面间的电位结构理论上可由密度泛函理论计算得出，针对实验现象的原理性阐述直到最近才有结论。实际上，通常认为氧化过程的驱动力来自氧渗透到铝基底或基底下表面，但是相关的氧渗透路径及渗透发生的条件至今还是悬疑。例如，氧覆盖率如何以及穿过怎样的原子环境。此外，对于观察氧化成核所必需的初始覆盖值一直存在争议。Lanthony 等证实 Brune 通过 STM 观察到的氧（1×1）团簇可以促进氧化。他们还证明氧化成核是由于在氧（1×1）簇的外表面上有额外进入的氧化物质，使得氧簇下面的一些铝原子通过它"渗出"到表面，当表面暴露于原子氧时，这种复杂的化学过程被称为"溢出"机制，其不同的阶段如图 1.11 所示。重要的是，该方法清晰地表明一旦形成氧簇并暴露于氧化性气氛下，氧化将自发发生。在较高的覆盖下，溢出反应是可以自发进行的，直到形成团簇花斑或发生浅表氧化，这个过程导致天然和稳定的氧化铝层形成，继续氧化过程需要有能量激活，为了完全了解钝化层形成过程，其他化学机制还需进一步确认。

图 1.11 铝外溢机理的 DFT 结构：照片俯视图

溢出的铝原子是最大的黑球，氧原子是最小的深灰色球，灰色球是铝原子

1.4.2 缓慢加热条件下铝氧化的热力学模型

在实验层面，通过组合几种技术共同探索氧化的热力学。例如已经提及的，使用 TGA 分析在 O_2/Ar（25/75）环境中由室温到 1 300 ℃ 表征氧化过程。TGA 曲线给出了由氧化过程产生的质量增加，并且可以添加同步 DSC 测量以量化相应的放热效应以及相变检测。也可以通过 X 射线衍射或拉曼分析热处理检查前后粉末的结构和性质。这些实验结果 [JOH 07，MEN 98b，JON 00] 通常彼此一致，并且显示对于100 nm 和更细的颗粒，氧化反应大部分发生在铝熔点以下，450～605 ℃之间，并且有比宏观尺度的铝粉更高的反应度。

由于纳米铝粉氧化速率的内在机理至今未有清晰的认知，因此关于实验结果的解释分析中不可避免存在争议。一些人提出，铝核膨胀和破裂，高速喷射出熔融的金属铝团簇。另外一些人认为，铝核的铝和外表面的氧原子扩散而后在钝化层内发生反应，这将在后续第 5 章中进行更详细的讨论和综述。

1.4.2.1 恒定点火温度模型

文献中发现的最简单的第一点火模型基于许多实验，结果显示大的铝颗粒（直径 > 10 μm）在接近 Al_2O_3 的熔点（即 2 042 ℃）处点火

[BOI 02，BRO 95]。该模型认为存在于铝表面上的氧化物膜一直阻碍点火，直到其开始熔化，熔化形成孤立的氧化物区域取代之前的连续钝化层。于是铝暴露于氧化剂中，颗粒发生点火，因此，这种模型描述铝点火的基本假设是铝点火温度始终恒定。目前业内的统一认知是，将点火温度选择为稍低于密实状态 Al_2O_3 熔点，即认为薄且生长受限的保护性氧化层熔点低于宏观氧化铝，则与实验数据具有更好的一致性。对于使用大颗粒铝粉（超过微米尺寸）的实验，该模型产生相当令人满意的结果，然而这种方法不适于更细的铝颗粒。

1.4.2.2　氧化层内部压力模型

这个模型是由 Rozenband [ROZ 92] 等提出的，认为保护性氧化物层在加热期间由于内核铝熔融积累机械应力而破裂。铝表面暴露在氧化剂中随之发生颗粒点火。这一假设被广泛讨论：对被加热氧化铝的力学性能知之甚少，氧化膜中最大应力产生于铝熔化即将进裂的时刻，也就是温度高于 600 ℃的瞬间。在温度升高超出 1 100 ℃时，Al_2O_3 的相变导致晶界滑动，发生脆性至延性转变。因此，可以中和氧化膜中的应力，避免氧化膜破裂。该模型有争议之处在于，无法恰当描述低温状态（500~600 ℃）下观察到的铝粉点火。

1.4.2.3　氧化生长模型

氧化生长动力学模型建立的常规方法是假定遵从线性抛物线方程，该方法认为初始生长过程由气相环境中的氧化性物质与铝之间的化学反应控制，总氧化可以写成如下形式 [FED 03]：

$$\frac{dt_{oxide}}{dt} = K(t_{oxide})^{-n} C_{ox}^m \exp\left(-\frac{E}{RT}\right) \qquad (1.3)$$

式中，t_{oxide} 为氧化层厚度；t 为时间；C_{ox}^m 为氧化剂浓度，与颗粒表面附近氧化性气体压力成正比；m 为与氧化剂相关的反应级数；R 为通用气体常数；E 和 K 分别为活化能和指前因子。指数 n 决定了氧化速率对氧化层厚度的依赖关系，$n=0$ 时为线性氧化定律（适用于第一阶段氧化），$n=1$ 时为抛物线定律，描述氧化性物质通过之前反应生成氧化物的扩散，从而发生氧化反应的动力学方程。

在另外的公式中，通常氧化机理方程可以被表述成无量纲形式：

$$v_{\text{oxidation}} = k_0 \eta^{-n} \exp\left(-\frac{E}{RT}\right)\exp(-k_1\eta) \qquad (1.4)$$

式中，$v_{\text{oxidation}}$ 为反应速率；η 为氧化程度，通过 TGA 的质量变化确定；k_0 为指前因子；E 为化学反应氧化的活化能；R 为通用气体常数；T 为反应温度；n 和 k_1 分别为指数和系数常数；E 和 k_1 为独立变量。通常，这些值是从铝氧化实验研究中得到的，活化能通常不取决于粒度，铝氧化活化能平均值约为 155 kJ/mol，文献中查询到异相铝氧化活化能为 70~420 kJ/mol，数值大小与温度范围相关。例如在 [TRU 06] 中，Trunov 等报道的活化能在 950~1 300 ℃ 范围时为 460 kJ/mol，1 600~2 000 ℃ 温度范围时为 71 kJ/mol。发现纳米粉末 k_0 比大尺寸粉末高出 2~5 倍。在此需要着重强调的是，活化能在氧化动力学方程的指数项，因此活化能的微小变化对整个反应的描述影响很大。因此，E 和 k_1 值的适当选择对于精确描述铝氧化过程是非常关键的。

实验工作表明，在氧化早期阶段（$\eta=0$），反应速率不取决于氧化程度，该过程类似于单分子反应，此阶段氧化过程遵循线性定律，直到反应度达到 0.1~0.3，此时铝表面快速氧化形成薄的无定形氧化层。在第二阶段中，氧化进程减慢并且遵循对数法则，由于前期生长形成了氧化层，氧化性物质必须渗透氧化层并迁移到铝/氧化铝界面才能继续氧化。

基于不同氧化温度范围收集到的实验数据，文献中还讨论了其他模型。这些方法主要是估算氧化引起的释热，并与外部颗粒加热或热耗散进行对比。因此，点火可以用包括氧化反应焓的颗粒热传递模型来预测，文献综述显示了不同研究者报道的数据和使用模型之间存在很大差异。

1.4.2.4 基于相变过程的扩散

近期有关铝颗粒点火的研究提出，氧化过程是由氧和铝通过表面氧化物的非恒定扩散过程所控制的。重要的是，该过程假设加热过程扩散主要受多晶相变的影响。Trunov 等 [TRU 06] 提出在低加热速率（<40 ℃/min）下，在氧化物层发生了多晶态相变：无定形 Al_2O_3→$\gamma-Al_2O_3$→$\delta-Al_2O_3$→$\theta-Al_2O_3$→$\alpha-Al_2O_3$。

这些多晶态氧化铝的密度彼此不同，在表 1.1 中给出。

表 1.1　不同氧化铝多晶态的密度

晶态	密度/(g·cm^{-3})
无定形 Al_2O_3	3~3.1
$\gamma-Al_2O_3$	3.6~3.67
$\alpha-Al_2O_3$	3.99

整个相变过程可以解释如下：在第一氧化步骤（形成薄的无定形氧化物）之后，天然无定形 Al_2O_3 层的厚度增加缓慢。在约 550 ℃，氧化层超过约 4 nm 的临界值变成亚稳态。然后发生向 $\gamma-Al_2O_3$ 的转变，这一相转化减小了氧化物层的厚度和扩散阻抗。在高加热速率下观察到薄氧化物层，相变还可能导致氧化物层的局部不连续性。所得的 $\gamma-Al_2O_3$ 由于其晶体尺寸小而更为稳定。非晶态向 $\gamma-Al_2O_3$ 的相转化可导致质量少量增加，这是因为氧化物层密度加大。连续 $\gamma-Al_2O_3$ 层继续生长，部分转变为 $\theta-Al_2O_3$ 多晶，该过程发生在铝熔点（660 ℃）之后的第三阶段。最后，第四阶段对应于 1 100 ℃ 以上的高温氧化，并形成了 $\alpha-Al_2O_3$。向热力学稳定的 $\alpha-Al_2O_3$ 转变过程可以是直接形成，或者通过许多中间相如 $\delta-Al_2O_3$ 和 $\theta-Al_2O_3$ 转化形成。不同铝氧化阶段的 TGA 曲线示例如图 1.12 所示。

上述 Al_2O_3 相变过程可以解释观察到的粉末逐步氧化，如通过 TGA 实验表征所示（参见图 1.13），需要分析五个步骤来定量描述氧化过程：①非晶氧化物的生长；②非晶态到 $\gamma-Al_2O_3$ 的相变；③$\gamma-Al_2O_3$ 的生长；④$\gamma-Al_2O_3$ 和 $\alpha-Al_2O_3$ 相变；⑤$\alpha-Al_2O_3$ 的生长。图 1.13 给出了纳米铝粉在氩气和氧气环境中加热的 TGA 增重曲线，可以清楚地找到不同氧化物生长和相变对应区域，并给出了多晶态氧化物演变步骤。

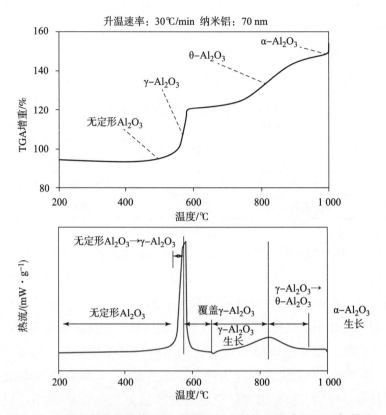

图 1.12 不同铝氧化阶段的 TGA 曲线示例（根据文献 [TRU 06] 描述）

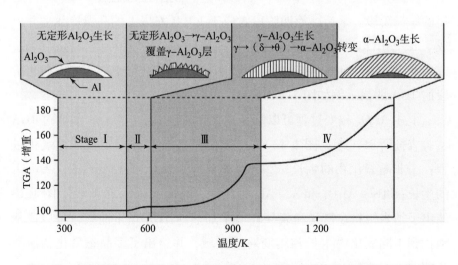

图 1.13 氧化反应的不同阶段和分别生成的氧化铝相态的变化示意图 [TRU 06]

该模型由 Trunov 等提出，用于预测不同尺寸的颗粒在不同温度下的点火情况，该模型很好地解释了大量先前文献报道的铝点火实验数据。

1.5 为什么将铝纳米颗粒应用于推进剂和火箭技术

现在广泛地证明，将传统上用于含能混合物和火箭技术中的金属粉末替换为纳米铝粉，在组分含量恒定条件下推进剂的燃烧速率可增加 5~30 倍，这主要是由于下列因素：

（1）与微米尺寸颗粒相比，纳米尺寸颗粒的反应性增强。

（2）由于纳米颗粒熔点较低，同时燃烧时间更短，增加能量释放速率。

（3）有利于组分（铝和氧化剂）的混合，提供氧燃之间更紧密的接触，有助于反应物扩散到表面并增加其反应活性。

1.5.1 降低熔点

当铝纳米颗粒的平均半径缩小至 5~50 nm 范围时，它们的熔融向较低温度方向移动，同时熔化焓明显降低［SUN 07］，铝熔化温度降低的一个重要因素是纳米颗粒表面能的增加，一些研究已经在理论和实验上给予证明［ECK 93，WRO 67］。根据 Eckert 等的研究，铝粉熔点是铝颗粒直径的函数，该函数通过下述经验定律给出，定律适用的条件是颗粒直径范围在 12~43 nm。

$$T_m(K) = 977.4 - \frac{1\,920}{d(nm)} \tag{1.5}$$

对于大颗粒，$T_m = T_b$，T_b 为宏观尺度铝的熔点，$T_b = 660\ ℃$。

几十年前［JON 00］、Reiss 和 Wilson 提出一个模型来描述熔点变化，T_m 是颗粒直径 d 和氧化层厚度 t_{oxide} 的函数，关系式如下所示：

$$T_m = T_b\left(1 - \frac{4 \times \sigma_{SL} \times 1\,920}{H_b \rho_{Al}(d - 2t_{oxide})}\right) \tag{1.6}$$

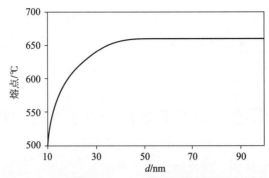

图1.14 用颗粒直径（d）函数预测铝纳米颗粒熔点

式中，T_b 为宏观尺度铝的熔点；H_b 为宏观尺度铝的熔化焓；σ_{SL} 为固体和液体界面处的表面张力。

这个模型在近期发表的几篇涉及纳米铝粉燃烧的论文中常被引用作为参考文献［HUN 04，GRA 04］。依据金属铝的特性数据，可计算出铝颗粒的熔化温度随颗粒大小变化趋势，见图1.13。Sun 和 Simon 曾经研究了氧化铝钝化层厚度的影响［SUN 07］，结果表明，自然氧化层对铝的熔融温度没有明显影响。

1.5.2 增强反应活性

实验观测到，与微米铝粉相比，纳米铝颗粒反应性显著增强。图1.15解释了铝尺寸对 $Al + O_2$ 反应的影响［SUN 06］，在 $O_2/Ar = 25/75$ 的气氛条件下以 3 ℃/min 的加热速率对平均直径分别为 105 nm、86 nm 和 6 μm 三种样品进行热分析扫描。清楚地看到，在 Al 熔融峰 660 ℃之前，纳米尺度铝存在很大的放热反应峰，这是由于 O_2 把铝氧化为氧化铝，而对于微米尺寸的颗粒，在熔融之前仅存在很小的放热，纳米铝粉氧化起始温度明显降低。此外，与微米铝粉相比，纳米铝粉的熔融峰非常小，这表明纳米粉末中更多的铝在熔融之前就已经发生氧化反应，类似结果 Mench 等曾经报道过［MEN 98b］。

纳米颗粒反应活性增加被认为主要与它们的大比表面积有关。一般来说，粒度减小，位于表面处原子的比例增加。为了说明这一点，图1.16显示了球形铝晶体的表面原子与体原子比率与粒径之间的函数

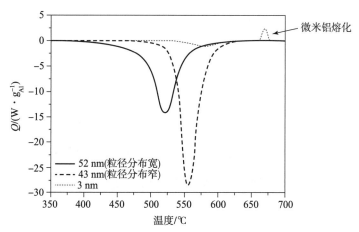

图 1.15 铝粉 DSC 曲线，有氧环境下铝粉粒度和粒度分布的影响。升温速率为 3 ℃/min，气氛环境为 $O_2/Ar=25/75$ ［SUN 06］（版权 2006，爱思唯尔出版集团）

关系，表面原子具有游离（不饱和）键和较低的配位，表面和亚表面原子之间的键弱于体内原子之间的键。原子在约 5 个原子间距内相互影响，表面层厚度约为 5 个原子层且大致等于 1 nm。

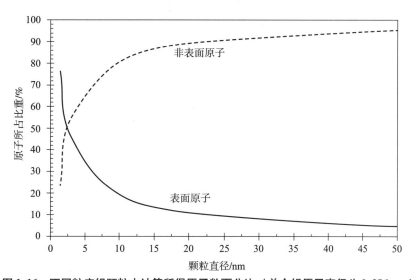

图 1.16 不同粒度铝颗粒中计算所得原子数百分比（单个铝原子直径为 0.286 nm）

通过气相冷凝技术制备出的金属纳米颗粒，还具有另一个典型特性，即存在额外或过量的能量，这是由于在金属蒸气的冷凝过程中颗粒非常快速地形成，并且在晶格中形成亚稳态和张力结构。

2

铝纳米颗粒在凝胶推进剂和固体燃料中的应用

铝纳米粉加入推进剂、炸药和烟火剂中的用途之一是促进燃烧，尤其是显著提高燃烧速率。推进剂燃烧速率与系统压力 P 直接相关，γ 为燃烧速率，通过 Vielle 定律相关联：

$$\gamma = \alpha P^\beta \qquad (2.1)$$

式中，α 和 β 分别是经验常数和可调常数。

2.1 胶体推进剂

关于金属化胶体推进剂的多数实验和理论研究始于 20 世纪 50 年代和 60 年代，最初主要是应用于航空航天的各种金属浆状燃料的研究［PAL 98］。在 20 世纪 70 年代，烃、肼类衍生物和红色发烟硝酸出现。在过去十年中，金属胶体推进剂重点关注双组元推进剂系统［PAL 96］，这些研究工作中只有极少部分涉及纳米颗粒（直径 < 100 nm）［PAL 04］，因为纳米级凝胶剂的比表面积高，与传统的微米尺寸凝胶剂相比，添加纳米级凝胶剂的低温凝胶推进剂需要的凝胶剂质量可减少 25%~50%。近期许多学科组的研究重心是使用纳米铝作为凝胶剂，对凝胶状火箭推进剂（RP）燃料与铝纳米粉末（ALEX®）喷雾燃烧的研究在气态氧火箭发动机中开展［MOR 01］。虽然 5% 的质量混合比具有最佳燃烧效率，但是添加到凝胶火箭推进剂燃料的 ALEX® 质量分数竟

然高达55%。类似的研究结论［ELL 03］证实具有16%质量分数的纳米铝颗粒表现出良好的点火和稳定性特征，并且效率增加了一倍。金属化硝基甲烷凝胶，使用 ALEX® 和 5 μm 直径的颗粒，在燃烧管实验中也进行了研究［WEI 05］。使用5%的硅胶（热解法二氧化硅）并分别装载5%和10%的纳米颗粒，在最高压力（12～13 MPa）下的燃烧速率为4～5 mm/s，明显高于纯硝基甲烷。经过理论计算，将铝纳米粉末添加到胶凝的硝基甲烷，火焰温度（由实验证实）和比冲均有所增加。

Ivanov 等［IVA 94，IVA 00］首先研究了铝纳米粉末与水的混合物，混合物中添加聚丙烯酰胺（3%）作为增稠剂，粒径分布范围在30～100 nm，在实验中，他们将铝纳米粉末与蒸馏水混合，并以0.67和1.0的当量比添加增稠剂，未加入聚丙烯酰胺增稠剂的混合物不能被点燃。将混合物填充到直径10 mm 的管中，用氩气作为环境气氛，同时保持体系压力恒定，用管内部的电线圈点燃混合物。在最大实验压力7 MPa 下，发现混合物的最大燃烧速率约为1.5 cm/s。Shafirovich 等［SHA 06］研究了粒径80 nm 铝颗粒在水混合物中的燃烧行为，同样添加了聚丙烯酰胺凝胶剂。他们发现粒径80 nm 的 Al－H_2O 混合物产生约50%的燃烧速率。Risha 等［RIS 07］研究了铝纳米粉末和液态水在不使用任何额外凝胶剂条件下的燃烧。在室温（25 ℃）下，使用带视窗的容器在氩气气氛中观察到粒径38 nm 颗粒具有稳定的燃烧速率，燃烧压力为0.1～4.2 MPa。同时研究了颗粒粒径（50 nm、80 nm 和130 nm）和总混合物当量比（0.5～1.25）对燃烧速率的影响。燃烧压力固定在3.65 MPa。以比冲量和燃烧速率来反映化学效率，发现化学反应率在27%～99%范围内变化，数值的变化主要取决于样品粒度和制备。燃烧速率（$\gamma = \alpha P^\beta$）随着粒径减小而显著增加，直径38 nm 颗粒4 MPa 下燃烧速率高达8 cm/s。对于38 nm、80 nm 和130 nm 直径的颗粒混合物，压力指数分别为0.47、0.27 和0.31。

铝水混合物由于高能量密度，已被认为是一种氢能源，用于发电［SHA 06］和空间推进［SIP 08，ING 04］。在过去的十年中，有研究涉及了铝纳米颗粒与冰混合的火箭发动机［PER 07b］。

定义（凝胶推进剂）：凝胶推进剂被认为是高性能推进剂，设想凝胶推进剂同时具有液体和固体推进剂的优势性质。与固体推进剂不同，单一液体和双组元推进剂的凝胶化可降低泄漏的风险，同时保持其泵送和节流的能力。凝胶推进剂相比固体推进剂，其对冲击、摩擦和静电放电的感度更低。从性能上来看，凝胶推进剂具有相对密度和密度脉冲，与液体系统相比，其性能可以用更多含能材料例如金属颗粒来进一步增强。

2.2 固体推进剂

在许多研究中已经证明，在固体推进剂中加入铝纳米颗粒，与具有微米尺寸颗粒的同推进剂配方相比，可显著提高推进剂的燃烧速率。Ivanov 和 Tepper [TEP 96] 报道了在推进剂配方中加入铝纳米颗粒，混合物燃烧速率可以提高 5~10 倍。Chiaverini 等 [CHI 97b] 表明掺杂有 20% 的铝纳米颗粒的端羟基聚丁二烯（HTPB）基固体推进剂的燃烧速率增加了 70%。Armstrong 等 [ARM 03a] 证实，当常规铝粉被纳米铝粉替代时，高氯酸铵（AP）基推进剂燃烧速率增加。当铝颗粒尺寸从 10 μm 降低到 100 nm 时，燃烧速率从 1 mm/s 增加到 100 mm/s 以上。相关研究者在高压密闭容器中对含有 15% 的常规微米级铝或纳米级铝的固体推进剂在常压和高压条件下进行了比较燃烧。这种趋势已被几种类型推进剂（HTPB/AP，聚叠氮缩水甘油醚（GAP）/AP 和 GAP/硝酸铵（AN））和不同研究团队证实 [SIM 99，PIV 04，MEN 98a]。Mench 等 [MEN 98a] 研究了用铝纳米粉末替换部分铝（50%）的效果，观察到燃烧速率增加了 2 倍，实现了接近 1.8 cm/s 的燃速。他们表示铝纳米颗粒是提升固体推进剂和燃料燃烧速率的有效技术手段。

图 2.1 给出了 Armstrong 等提出的在垂线所示的压力范围内燃烧速率与铝颗粒直径关系的函数。

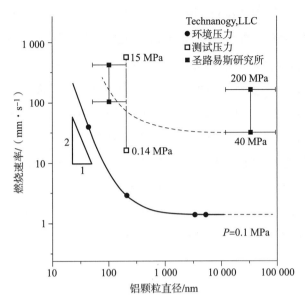

图 2.1 在不同压力下燃烧速率与颗粒直径的函数 ［ARM 03a］（版权 2003，美国化学学会）

虽然纳米颗粒的加入可以显著提高燃烧速率和燃烧效率，但是它们的高比表面积仍然会导致一些其他问题，特别是在工艺处理过程中。例如，只含纳米颗粒的推进剂相对于微米和纳米颗粒混合推进剂，燃烧不稳定，这是因为在制造过程中纳米颗粒分布不均匀，引起局部区域浓度较高，所得推进剂也会更脆，导致敏感性增加，容易发生裂纹。为了使这些有害影响最小化，正在研发内含氧化剂和燃料的微米颗粒，包括对颗粒表面的改性，例如钝化表层以避免意外点火，减少因长期储存而发生的老化和避免表面污染。

2.3 固体燃料

对于固体推进剂，很多研究都证明，相比仅添加微米铝粉，在固体燃料中加入纳米铝粉的推进剂配方可以显著提高其燃烧速率。尤其是混合动力发动机数据显示，在适宜的氧化性气体质量流速下，与不含铝的 HTPB 相比，加入 13% 的铝粉可以使固体 HTPB 基燃料的线性燃烧速率提高123%，两种固体推进剂配方（一种添加18%的常规铝粉末，另一种用9%的铝和9%的纳米铝粉ALEX）的靶线法研究结果表明，纳米颗粒可以将固体推进剂的燃烧速率提高100%。纳米颗粒的使用使得能量释放更靠近燃料表面，从而加快释放能量到燃料表面的反馈，从而提高燃料的反应速率。Chiaverini等［CHI 97a，RIS 03］使用二维发动机研究了不同质量百分比的ALEX型铝纳米颗粒（4%、12%和20%）在HTPB基固体燃料中的影响规律。与纯HTPB燃料配方相比，添加20% ALEX®质量燃烧速率提高到70%。Risha等［RIS 03］评估了添加各种铝纳米颗粒对混合动力火箭发动机的影响，涂覆有Viton – A的ALEX®颗粒与纯HTPB相比，质量燃烧速率增加最为明显，增加了120%。

3
纳米铝颗粒应用——铝热剂

铝热反应是指一种金属（燃料或者还原剂）与金属或者非金属氧化物（氧化剂）反应，形成稳定的氧化物及对应的金属或非金属反应产物，并伴随大量热量，产生剧烈放热反应。该反应由德国化学家 Hans Goldschmidt 于 1893 年发现，并在 1895 年取得专利，其氧化还原反应过程可写为

$$M + AO \rightarrow MO + A + \Delta H \quad (3.1)$$

式中，M 表示金属或者合金；A 表示另外一种金属或者非金属；MO 和 AO 表示对应的氧化物；ΔH 是反应焓也被称为反应热，单位为 cal/g、J/g 或 J/cm^3。铝热反应涉及的以及常用的其他参数有点火温度（也称为起始温度）和点火能量。

点火温度对应于放热反应开始的温度点，无须借助外部能量，反应就可以自持发生。点火能量对应于将铝热剂混合物加热到着火点所需要的热能、机械能或电能。反应活性与分解速率或反应速率有关。传统的铝热反应可以看成是金属 Al 和铁氧化物 Fe_2O_3 按一定化学计量比混合，发生放热反应同时生成 Fe 和 Al_2O_3，如图 3.1 所示。

除了 $Al + Fe_2O_3$ 外，还有很多其他混合型铝热剂。Fischer 和 Grubelich 进行了许多关于铝热剂的热力学研究，详见文献 [FIS 98]。一些铝热反应生成很少的气体或者没有气体产物，而另一些反应会释放大量的气相产物。计算过程假定铝热反应的反应物和产物都达到了理论密度。

图 3.1　Al/Fe₂O₃ 混合物及其反应

表 3.1 列出了几种固定化学计量条件下铝热反应的反应焓和绝热温度的理论值。

表 3.1　几种固定配比铝热反应的反应焓和绝热温度

铝热剂组分	化学剂量比	反应焓 ΔH/(cal·g^{-1})①		绝热温度 T_{ad}/K	
		文献[COA 07]	文献[FIS 98]	无相变	相变
4Al+3MnO₂	1/2.147	1 146	1 159	4 829	2 918
2Al+3CuO	1/4.422	987.8	974.1	5 718	2 843
2Al+Fe₂O₃	1/2.959	952.0	945.4	4 382	3 135
2Al+3NiO	1/4.454	855.1	822.3	3 968	3 187
4Al+3SnO₂	1/4.189	686.8	686.8	5 019	2 876
4Al+3SiO₂	1/1.670	515	513.3	2 010	1 889
Al+TiO₂	1/2.221	379.8	365.1	1 955	1 752

由纳米尺度原材料构成的铝热剂混合物叫作纳米铝热剂，即 MIC（亚稳态分子间复合物或亚稳态间隙复合物），或者金属基活性纳米材料或超级铝热剂等。鉴于纳米铝粉的实用性，金属铝粉常被作为燃料，通过添加其他不同的氧化剂构成纳米铝热剂。常用的氧化剂包括 Fe₂O₃、MoO₃、CuO、Bi₂O₃、MnO₂、WO₃、Ag₂O 和 I₂O₅。含氟聚合物例如聚四氟乙烯（PTFE）也被尝试用作氧化剂。常用的 PTFE 配方的品

---

① 1 cal=4.186 J。

牌为杜邦公司生产的特氟龙[PAN 09a],其反应式为:$4Al + 3C_2F_4 \rightarrow 4AlF_3 + 6C$。

最早将纳米铝热剂作为含能材料的相关研究始于20世纪90年代美国劳伦斯·利弗莫尔国家实验室的研究[AUM 95]。研究发现平均粒径为20~50 nm的Al/MoO_3粉末混合物的反应速率比微米级铝热剂快1 000倍以上,这主要是因为纳米组分间的扩散距离较短。此外,固定配比的Al/CuO混合物的反应焓可达4 kJ/g,高于单质炸药TNT(三硝基甲苯:$C_7H_5N_3O_6$)。自1995年以来,大量的研究在纳米铝热剂领域持续进行,主要关注颗粒尺寸、氧化剂和燃料种类、混合配比、堆积密度、压力和混合感度等因素的影响,相关介绍可参看文献[ARM 03b, SON 07a, ROS 10]和[ROS 14]。简而言之,铝热剂的火焰传播速度为10~1 000 m/s,燃烧压力视操作条件而定,一般在1~10 MPa范围内,两者均介于火炸药和推进剂之间[MAR 11]。大量实验表明,仅通过改变颗粒尺寸、颗粒浓度、混合均匀性、氧化剂种类以及混合配比和密度,便可改善铝热剂的气体压力和反应程度[KWO 13, SUL 12c, WEI 09]。

本章第一部分主要介绍纳米铝热剂的制备方法及其应用实例。接着全面讨论了影响铝热剂点火和燃烧特性的主要参数。最后一部分详细描述了用不同实验方法得到的纳米铝热剂反应特性。

3.1 制备方法

纳米铝热剂是氧化剂(通常为金属氧化物)和还原剂(也称为燃料)纳米尺度级混合物。目前相关的制备方法不断见诸报道,其中最常见的方法是将纳米材料进行物理混合,该方法首先需要得到纳米铝颗粒和纳米氧化物颗粒。此外还有其他制备技术,如超临界快速分散法(RESD)或分子自组装方法。

3.1.1 超声混合纳米颗粒

超声混合是较为成熟的简易制备方法,制备时需将颗粒在溶液中超声混合（己烷、异丙醇或其他液体），随后再将溶液挥发［PAN 05，PLA 05，SON 07b，PUS 07］。具体操作是将纳米铝和纳米氧化剂按一定的配比悬浮于溶剂中，然后将盛放溶剂的烧杯置于超声波水浴里。超声混合一定时间后，将胶体悬浮液进行低温低压干燥处理（干燥正己烷溶液需70 ℃），最后收集混合物待用。实验期间超声处理总共持续几分钟。为了避免溶液过热导致粉末着火，可以采取措施，如每超声 2 s 停留 1 s。对于可能会氧化铝颗粒的溶液，如异丙醇，应减少铝颗粒与这些溶液的接触时间。

纳米粉体机械混合均匀性的评估与样品制备方法有关，目前定量评价仍有较大的困难。可以用之前章节中介绍的各类成像和热分析技术来表征混合物混合的均匀性：扫描电镜（SEM）、高分辨率透射电镜（HRTEM），更小层次上的电子能量损失谱（EELS）。

图 3.2 所示为纳米铝热剂扫描电镜图像，图中包含了 4 种纳米铝热剂粉末在正己烷中超声混合后的颗粒分布、形状和尺寸信息［GLA 14］。用于制备这些纳米铝热剂的粉末列于表 3.2 中。

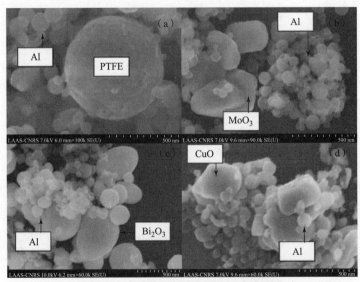

图 3.2　不同种类纳米铝热剂 SEM 图像

(a) 铝/PTFE 粉末混合物（Al/PTFE）；(b) 铝/三氧化钼（Al/MoO$_3$）；
(c) 铝/三氧化二铋（Al/Bi$_2$O$_3$）；(d) 铝/氧化铜（Al/CuO）

表 3.2 制备纳米铝热剂原料信息

原料	制造商	测量尺寸	形状
Al	Novacentrix	80~150 nm	球形
Bi_2O_3	SigmaAldrich	100~500 nm	卵形
MoO_3	SigmaAldrich	90~6 000 nm	不规则
CuO	SigmaAldrich	(240±50) nm	不规则
PTFE	SigmaAldrich	800~1 500 μm	球形

从 Al/CuO 纳米铝热剂的 SEM 图像中可以看到，CuO 颗粒不是球形的，平均尺寸为 (240±50) nm。对于其他颗粒，粒度有着不同的尺度范围。Bi_2O_3 颗粒为卵圆形，最大尺寸平均为 600 nm × 400 nm，最小尺寸平均为 110 nm × 90 nm。MoO_3 颗粒形状是随机分布的，其中平均尺寸最大为 2 μm × 6 μm，最小为 90 nm × 90 nm。图 3.2 中这些 SEM 图像清晰地给出了不同形状粉末混合得到的纳米铝热剂的不同形貌，也可以看出混合样品的品质均匀性。

总之，采用超声混合法制备纳米铝热剂简单易行，目前已被广泛应用于实验室研究中。同时，这个制备方法也有几个明显的短板，存在反应性能跳动大、操作可靠性较差等缺点，以下详细列出：

（1）很难实现大规模制备，当处理样品批量大时不可避免地会降低混合质量。

（2）利用超声分散团聚物时可以增加体系的混合均匀度，但在干燥环节未被分散的团聚物又会加剧体系的不均匀性。此外，纳米铝颗粒表面形成的薄层氧化壳使铝颗粒表面发生钝化，阻隔了氧化剂与铝之间的界面接触，但同时也提高了低温下混合物的稳定性。

为了提高混合均匀性，研究者们提出了一些改进方法。Marioth 等[MAR 06]利用超临界分散法混合了 Al 和 Fe_2O_3 纳米粉体。自组装技术也被用于先进溶液的精确可控制备。例如在气溶胶[KIM 04]中对 Al 和 Fe_2O_3 纳米颗粒进行反向充电处理，或者对 Al 和 Fe_2O_3 纳米颗粒进行功能化处理，使其带有相反电荷，最后通过静电自组装得到

Al/Fe_2O_3 纳米铝热剂。此外，可以使用无机溶液或借助聚合物和生物材料对 Al 和 CuO 纳米颗粒进行组装处理［SEV 12，KIM 04］。

3.1.2 超临界快速膨胀分散（RESD）

RESD 是指使用无表面张力的超临界流体均匀混合干燥状态下团聚的纳米颗粒。具体操作过程为：在超临界环境中，将纳米颗粒在高压搅拌釜中进行混合，随后在喷嘴处使分散液快速或慢速地膨胀，进而打破纳米颗粒团聚。与超声混合相比，这种技术制备的纳米铝热剂混合更均匀，实验装置如图 3.3 所示。

图 3.3　ICT Franhaufer 的超临界快速膨胀分散（RESD）装置

目前，利用 RESD 技术放大混合生产的难题在于操作的安全性，尤其是需要防止超临界流体和纳米铝颗粒之间的反应。

3.1.3 纳米颗粒分子自组装

近年来有几个团队在研究如何控制可燃剂/氧化剂的界面接触面积，从而提高纳米铝热剂的混合均匀性。自组装是指纳米铝颗粒可以自发地或者在外力控制下，可控地附着在氧化剂表面，或者氧化剂附着在可燃剂表面。该法可以在无机溶剂、水溶液和有机溶剂中进行。Kim 等［KIM 04］提出了一种在带电气溶胶中，利用颗粒之间的静电力控制 Al 和 Fe_2O_3 颗粒的组装方法，电镜图像如图 3.4 所示。作者对比研究了自

组装得到的 Al/Fe_2O_3 和随机组装的 Al/Fe_2O_3，比较结果表明，在相对较宽的温度范围内，布朗组装（随机组装）颗粒的总焓为 0.7 kJ/g，而在一个非常窄的温度范围内观察到的静电组装的总焓为 1.8 kJ/g。

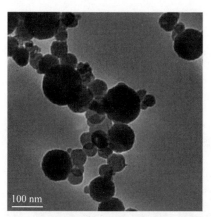

图 3.4　静电力驱动自组装 Al/Fe_2O_3 纳米铝热剂透射电镜图像

Malchi 等［MAL 09］提出了一种借助两种配体间静电力进行组装的方法（原理见图 3.5）。实验过程需要将两种配体（正、负 ω - 功能化）分别附着于 Al 和 CuO 纳米颗粒表面，在颗粒表面形成一个带电的自组装单层（SAM）。使用 ω - 三甲胺（TMA）功能化的羧酸 $HOOC(CH_2)_{10}NMe_3^+Cl^-$ 修饰铝颗粒表面。纳米 CuO 颗粒表面用 ω 型羧酸功能化的硫醇或巯基烷酸（MUA，$HS(CH_2)_{10}COOH$）进行修饰。相比传统超声混合制备的同系有机混合材料，自组装材料的优势在于，其在微通道中能够被点燃并持续燃烧，而后者不会。

Severac 等［SEV 12］报道了一种借助 DNA 对 Al 和 CuO 纳米颗粒进行组装的方案。他们使用两种不同的嫁接策略将低聚核苷酸分别附着在铝和氧化铜纳米颗粒表面。将巯基改性后的低聚核苷酸连接到 CuO 纳米颗粒表面，随后将中性抗生物素蛋白包覆在纳米铝颗粒表面。实验中首先利用硫醇集团的强亲和性将改性 DNA 用以修饰 CuO 纳米颗粒，然后再将生物素修饰过的低聚核苷酸嫁接到经蛋白质改性后的纳米颗粒上，组装过程如图 3.6 所示。差示扫描量热测定结果显示，该法制备的 Al/CuO 纳米铝热剂（图 3.7 中的 SEM 图）的反应焓高达 1.8 kJ/g，是目前为止反应焓最高的体系之一。此外，他们还研究了使用相同组装方法通过改变 Al 颗粒尺寸来调整反应起始温度的可能性。

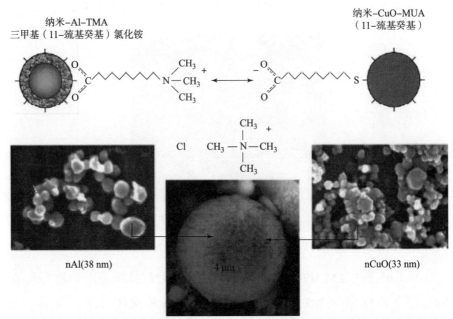

图 3.5 静电自组装制备原理图以及基于两个配体间存在的静电力组装得到的 Al/CuO 纳米铝热剂的扫描电镜图片 [MAL 09]（版权 2009 年，美国化学学会）

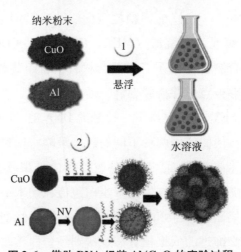

图 3.6 借助 DNA 组装 Al/CuO 的实验过程

首先将 Al 和 CuO 纳米颗粒稳定悬浮在水溶液中，随后使用 DNA 链进行功能化，最后通过 DNA 链的互补效应进行组装 [SEV 12]

图3.7 基于两个DNA链间作用力组装得到的Al/CuO团聚体SEM照片 [SEV 12]

3.2 主要参数

无论选择哪种方法对铝燃料和氧化剂进行混合（超声物理混合或自组装方法），在进行表征之前，有几个参数必须明确。除了混合均匀性以外，混合物的压实密度、粒度、化学计量比和铝的钝化层必须得到清晰的界定和控制。这些参数将在后续的章节中讨论。其他参数如环境气压和温度也将大大影响纳米铝热剂的点火和燃烧性能，此处不再赘述。

3.2.1 堆积密度、理论密度和压实密度

混合完成后，粉末混合物通常会用标准液压机压制成药柱，模具的压力水平使得药柱的压实密度往往介于理论最大密度（TMD）的50%~90%。TMD是不同混合物理论密度的加权平均值。堆积密度的单位为g/cm^3。若想获得低密度样品，一般不压制纳米铝热剂混合物。将压机压力设定在100~500 MPa可得到密度介于50%~100% TMD的致密药柱 [STA 11c]。压实纳米铝热剂以增加理论密度百分比的操作方法示

意图如图 3.8 所示。

图 3.8 压实纳米铝热剂以增加理论密度百分比的操作方法示意图

铝热剂的堆积密度会大大影响纳米铝热剂的反应速率,理论密度百分比的降低,也即压实密度降低,燃烧速率增大。随着铝热剂堆积密度的增加,颗粒间空隙量减小。用压力排出整个药柱里的空气可以有效提高颗粒的热扩散率。如果火焰传播的控制步骤是能量的扩散输运,那么提高热扩散率将增加铝热剂的燃烧速率。

如图 3.9 所示,纳米铝热剂的燃烧速率增长趋势与微米级铝热剂混合物相反。对于微米尺度的混合物而言,由于颗粒尺度和颗粒间孔隙较大,堆积密度越低,反应速率越低,热损失占自身释放能量的比例越大。

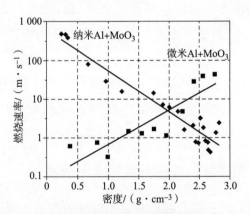

图 3.9 不同铝热剂体系的燃烧速率测试值 [PAN 05]

Stamatis 等 [STA 11b] 利用 50 W 的激光研究了 Al/MoO_3 纳米铝热剂的点火延迟时间与堆积密度的关系。实验中使用的 Al/MoO_3 纳米铝热剂是通过在正己烷溶液中超声搅拌纳米铝颗粒与平均直径为 80 nm 的 MoO_3 制备获得的。结果表明,Al/MoO_3 纳米铝热剂的点火延迟时间随着铝热剂堆积密度的增加而增加，如图3.10所示。

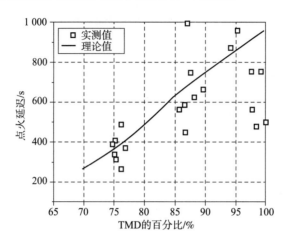

图3.10 Al/MoO₃ 纳米铝热剂的激光点火延迟时间 [STA 11a]

铝热剂的压实程度决定着铝热剂的燃烧机理。当压实密度达到理论密度阈值的50%时，由于纳米颗粒孔隙间的空气较少，主导的传热机制从热对流转变为热传导。

3.2.2 化学计量比

化学计量比是指化学反应能完全发生所需要反应物的相对计算量。在相关的文献中，通常讨论的是质量当量比 ϕ。例如在反应 $x\,\text{Al} + y$ 氧化剂中，ϕ 表示为

$$\phi = \frac{(M_{\text{Al}}/M_{\text{Oxide}})_{\text{SAMPLE}}}{(\text{Al/Oxide})_{\text{ST}}} \tag{3.2}$$

式中

$$(\text{Al/Oxide})_{\text{ST}} = \frac{xM_{\text{Al}}}{yM_{\text{Oxide}}} \tag{3.3}$$

式中，M_{Al} 和 M_{Oxide} 分别代表铝和氧化剂的相对分子质量；SAMPLE 表示所涉及的纳米铝热剂比例；ST 表示化学计量比。化学计量比与铝热剂的品种有关，如表3.3所示。事实上，每个纳米铝颗粒的表面都会钝化形成一层氧化铝薄膜，因此在计算氧燃质量比时必须考虑纯度（P）。

燃料和氧化剂质量比计算公式如下：

$$X = \frac{(\text{Al/Oxide})_{\text{ST}}}{P + (\text{Al/Oxide})_{\text{ST}}} \tag{3.4}$$

表3.3 不同铝热剂体系的氧燃质量比

铝热剂	化学剂量比
$4Al + 3MnO_2$	1/2.15
$2Al + 3CuO$	1/4.42
$2Al + Fe_2O_3$	1/2.96
$2Al + 3NiO$	1/4.45
$4Al + 3SiO_2$	1/1.67
$Al + TiO_2$	1/2.22
$Al + MoO_3$	1/2.67
$Al + WO_3$	1/4.30
$Al + Sb_3O_3$	1/5.40

可以通过调整化学计量比使铝热剂达到最大能量密度[SON 07b，SAN 07，BOC 05]。应当指出的是，在许多研究中，铝热反应是在空气环境中进行的，这就意味着环境的氧气也有可能参与了反应，这可能会改变化学计量比的最佳值。目前还无法精确测量空气与铝反应放出的这部分热量。因此，铝热剂成分最佳配比往往是 Al 燃料多一些，即 $\phi > 1$。

Dutro 等[DUT 09]通过测试反应的传播速度和输出压力研究了 Al/MoO_3 纳米铝热剂化学计量比对体系燃烧特性的影响。原料包括直径为 80 nm 的球形纳米铝颗粒，以及约为 30 nm × 200 nm 的片状 MoO_3，铝热剂投料比从 Al 含量超过 5%（95% 的 MoO_3）到 Al 含量为 90%（10% 的 MoO_3）。测试结果揭示出三种不同的燃烧机理：铝含量在 10% ~ 65% 时，燃烧火焰高速稳定传播（速率为 100 ~ 1 000 m/s）；铝含量接近 70% 时，燃烧火焰不稳定并加速传播；在铝含量为 75% ~ 85% 时，燃烧火焰低速稳定传播（速率为 0.1 ~ 1 m/s）。铝含量 < 10% 的贫燃体系或 > 85% 的富燃体系火焰无法传播。他们认为在接近化学计量比时,火焰传播模式是超声速对流,而对于富燃混合物,传播模式是爆燃热传导。这说明化学计量比对铝热反应具有较大的影响,在制备铝热剂时必须予以考虑。

3.2.3 铝和氧化剂颗粒尺寸

燃料和氧化剂颗粒尺寸会影响铝热剂的点火和燃烧性能,减小颗粒尺寸通常会增快铝热剂的燃烧速率,同时降低点火温度和点火能量。实际上,对于非常小的铝颗粒(例如粒径小于 50 nm)而言,因为纳米铝颗粒中氧化铝所占比例较大,颗粒粒径的大小与燃烧速率关联性不大。Weismiller 等[WEI 11b]研究了铝和氧化剂粒径对 Al/CuO 和 Al/MoO$_3$ 铝热剂燃烧速率的影响,Al/CuO 和 Al/MoO$_3$ 铝热剂均在正乙烷溶液中超声混合制备而成,颗粒粒径由纳米级逐渐过渡到微米级。研究得到了使铝热剂燃烧速率达到最大时的混合物当量比,结果见表3.4。

表 3.4 Al/CuO ($\phi=1$) 和 Al/MoO$_3$ ($\phi=1.4$) 铝热剂的燃烧速率和燃烧压力 [WEI 11b]

铝热剂	线性燃烧速率 /(m·s^{-1})	增压速率 /(MPa·μs^{-1})
纳米 Al/纳米 CuO	980	0.67
微米 Al/纳米 CuO	660	0.28
纳米 Al/微米 CuO	200	1.82
微米 Al/微米 CuO	180	0.11
纳米 Al/纳米 MoO$_3$	680	0.68
微米 Al/纳米 MoO$_3$	360	0.20
纳米 Al/微米 MoO$_3$	150	0.44
微米 Al/微米 MoO$_3$	47	0.17

研究结果表明,相比减小 Al 的粒径尺寸,减小氧化剂颗粒粒径对燃烧速率的影响更大。这主要因为减小 Al 的粒径尺寸将导致混合物中 Al$_2$O$_3$ 的比例增加[MAL 08]。对于粒径为 50 nm 的 Al 纳米颗粒来说,

Al_2O_3 的比例将达到约 70%，所以必须权衡 Al 颗粒直径和体系中 Al_2O_3 含量对燃烧速率的影响。Pantoya 等［PAN 05］认为，在纳米铝粒径小于 50 nm 时，铝颗粒带来的尺寸效应将被过多的 Al_2O_3 含量所抑制。

Granier 等［GRA 04］比较了由超声混合（$\phi = 1.2$）制备的燃料轻微过量的 Al/MoO_3 铝热剂的点火时间和燃烧速率（堆积密度为 38% TMD，点火设备为 50 W 的 CO_2 激光器）。他们分别制备了两种含有不同粒径铝颗粒的纳米铝热剂（一种铝颗粒粒径分别为 108 nm、39 nm 和 30 nm，另一种铝颗粒粒径为 20 μm）。将激光起始脉冲与检测到的铝热剂第一次反应光辐射脉冲之间的时间间隔视为点火延迟时间，实验结果见图 3.11。如图 3.11 所示，当 Al/MoO_3 混合物中 Al 颗粒直径从微米级减小到纳米级时，点火延迟时间相应地减小两个数量级。分析认为，铝热剂的激光点火感度之所以会增加，可能是由于减小纳米铝颗粒的粒径会导致其熔点降低（见 1.5.1 节和图 1.14）。

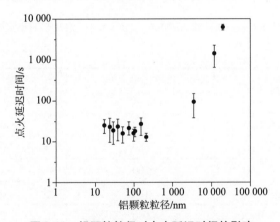

图 3.11　铝颗粒粒径对点火延迟时间的影响

（资料来源：http://www.elsevier.com/wps/find/journaldescription.cws_home/505736/description#decription_）（版权 2004，爱思唯尔出版集团）

通过模拟激光加热时体系的传热过程，可以在理论上解释毫秒级的点火延迟。然而，模拟这个过程需要知道体系的热传导系数，热传导系数无论是预测还是测量都非常困难。对其他所有纳米铝热剂混合物来说均是如此。

如图 3.12 所示，除了 Al_2O_3 含量超过 50%（Al 粒径 < 50 nm）这种情况外，燃烧速率都会随着颗粒粒径的增加而增加。Al_2O_3 的大量存在可能会降低燃烧速率。实验表明，降低粒径进而提高铝热剂燃烧速率的测试结果普遍低于理论预测。

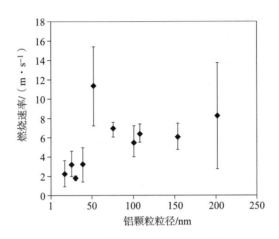

图 3.12　铝颗粒粒径对燃烧速率的影响

（资料来源：http://www.elsevier.com/wps/find/journaldescription.cws_home/505736/description#decription_）（版权 2004，爱思唯尔出版集团）

不同制备方法导致的铝热剂混合均匀性差异会影响纳米铝颗粒粒径对点火延迟的影响。比如，相比使用大粒径颗粒，小粒径纳米铝颗粒与 MoO_3 的混合均匀性更差，由此减弱了铝颗粒细化的影响作用。

3.2.4　钝性氧化层

Jones 等［JON 03］利用热分析（空气气氛）研究了钝化层厚度对纳米铝粉末活性的影响。研究涉及的铝颗粒主要包括粒径在 20～50 nm 范围内的铝颗粒（覆盖有 Al_2O_3 钝化层），表面涂有约 18%（质量分数）含氟聚合物的铝颗粒以及 ALEX® 铝颗粒。比较结果表明，钝化层厚度对材料活性影响不明显，而其他因素作用不可轻视，如粒径分布、团聚程度以及钝化层属性。虽然氧化壳厚度对颗粒活性的影响不显著，但 Al_2O_3 含量的增加可能会显著影响反应产物的微观结构和宏观性能。

含有 Al_2O_3 钝化层的粒径在 20～50 nm 范围内的纳米铝颗粒在空气中的活性比粒径为 180 nm 的 ALEX® 铝颗粒要低，虽然前者的粒径更小，但由于样品老化导致其表面的氧化物层相对较厚，反而造成其在空气中的活性较低。含氟聚合物包覆后的铝颗粒在水中反应活性降低，因此会减弱样品老化的影响。Chowdhury 等 [CHO 10] 研究了不同氧化铝壳层厚度对 Al/CuO 纳米铝热剂点火延迟时间的影响。该实验通过高速热升温处理使得铝颗粒（标称直径为 50 nm，ALEX®）的氧化铝球壳厚度在 2～4 nm 变化，然后将铝颗粒与 CuO 混合，实验结果表明点火延迟时间随着球壳厚度的增加而增加。

Kappagantula 等 [KAP 12] 对比研究了表面功能化的铝颗粒和未进行表面处理的铝粉对 Al/MoO_3 铝热剂颗粒燃烧速率的影响。实验分别使用全氟代十四酸（PFTD）和全氟癸二酸（PFS）酸化氧化铝球壳，在铝颗粒表面形成 SAMs（分子自组装），如图 3.13 所示。测试结果表明，使用 PFTD 酸化的铝颗粒制备出的 Al/MoO_3 燃烧速率比未经处理的 Al/MoO_3 快 86%，燃烧速率分别是 497 m/s 和 267 m/s。使用 PFS 酸化的铝颗粒制备的 Al/MoO_3 的燃烧速率是 138 m/s，几乎是 Al/MoO_3 的一半。分析原因，是因为 Al-PFTD 结构的空间位阻较大，键解离能较小，这种化学结构促进了燃烧速率的增加。这说明对铝颗粒表面进行功能化处理可以调整铝颗粒的活性。

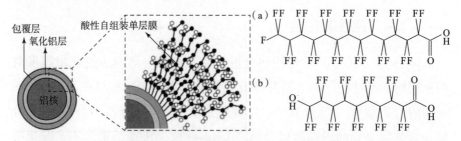

图 3.13　PFTD/PFS 酸化处理过后的铝颗粒的化学结构示意图以及带有酸性外壳的单颗粒铝粉 [KAP 12]（版权 2012，美国化学学会）

3.3 燃烧压力测试

研究表明,纳米铝热剂燃烧过程中可产生压力脉冲(见表3.4,增压率)。通常通过测量不同约束条件和环境中反应波阵面传播产生的压力与时间的函数来确定体系的压力变化速率。图3.14中为一个典型的纳米铝热剂粉末压力测试装置。测量时通常先将一个几毫克的纳米铝热剂样品放入一个圆筒形的金属容器(又被称为燃烧罐)中。为了增加样品堆积密度,可以施加压力压制样品。然后通过燃烧罐上方的金属丝直接点燃纳米铝热剂粉末。采用压电式压力传感器测量样品燃烧压力-时间曲线。

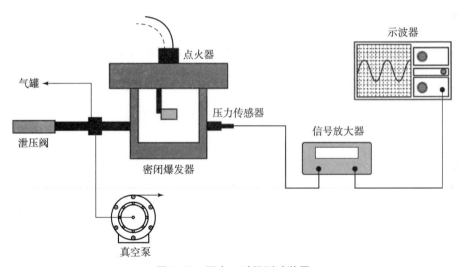

图3.14 压力-时间测试装置

Glavier等[GLA 14]测量了不同Al基纳米铝热剂(Al/CuO、Al/Bi_2O_3、Al/Fe_2O_3和Al/PTFE,堆积密度为30% TMD)的燃烧压力。实验中使用的铝颗粒都统一为80 nm ALEX®纳米铝颗粒,表面覆盖有厚度为2.5 nm的氧化铝球壳。

如图3.15所示,实验中涉及的纳米铝热剂燃烧均产生压力,其中Al/Bi_2O_3体系产生的压力最大,为5 762 kPa/μs左右,Al/CuO、

Al/MoO$_3$ 和 Al/PTFE 体系产生的压力分别为 172 kPa/μs、35 kPa/μs 和 33 kPa/μs。气体是由氧化物颗粒的分解和蒸发产生的。对于 Al/CuO 来说，首先在 CuO 转变为 Cu$_2$O 时释放出氧气，接着在高温下 Al 和 Cu 发生气化。对于 Al/MoO$_3$ 和 Bi$_2$O$_3$ 体系，研究认为 MoO$_3$ 气化产生气体，而 Bi$_2$O$_3$ 在高温下则可分解为 Bi$_2$，并释放 O$_2$。

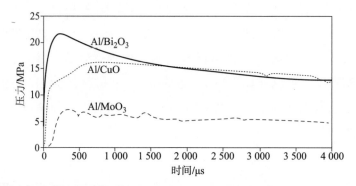

图 3.15　不同铝热剂体系的燃烧压力–时间测试曲线（$\phi = 1$，密度为 30% TMD）

3.4　燃烧实验

铝热剂反应过程中会发出大量的光，发出的光强度足以用高速摄影捕捉成像反应过程。研究者们利用不同的技术在不同的环境下对铝热剂反应进行了大量"定量"或"半定量"的测量研究，如下面章节所述的约束条件或半约束条件。燃烧可以测试火焰传播速度，亦称为燃速、自蔓延燃烧速度、火焰速度或者传播速率。这些不同的术语在整本书中随处可见。

3.4.1　开放环境

首先将铝热剂（通常为几毫克）置于开放的样品架，通常是一根加长的管子中。然后将粉末用金属丝直接接触点燃或借助激光点火，同时用高速摄影观察火焰的传播速度，也可以使用光电二极管。图 3.16

给出了开放环境中燃烧实验装置示意图。

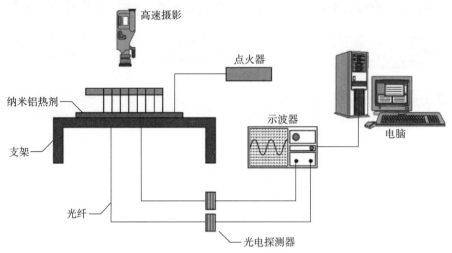

图3.16　开放环境燃烧速率测试装置示意图

图3.17所示为开放通道测试燃烧速率的装置图与示意图［GLA 14］。图3.18所示为超声混合制备的未完全压实的Al/CuO纳米铝热剂（$\phi=1.1$）在Al燃料轻微过量时火焰传播的高速摄影图像。

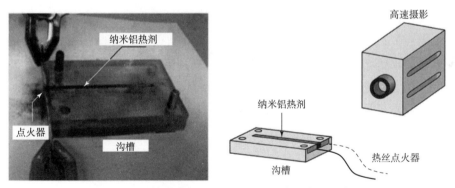

图3.17　开放通道测试火焰速率（燃烧速率）示意图

在开放环境中进行的燃烧实验可以得到很多定量的和有意义的燃烧特性参数。正如之前提到的那样，可以得到诸如颗粒粒径分布、纳米铝热剂类型［PAN 05，MOO 04，PLA 05，PRE 05］、制备方法及混合均匀性［PRE 05，SCH 05，BAH 14］等因素对体系点火、火焰速度或燃烧速率的影响。

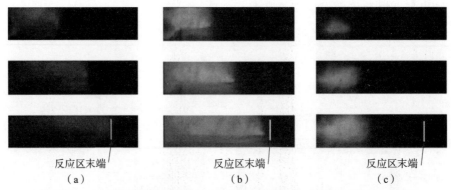

图 3.18　不同纳米铝热剂体系在正乙烷中超声混合且未压实的燃烧过程
高速摄影图像（版权 2015，爱思唯尔出版集团）

每隔 20 μs 记录一张图像以及两张图像之间相距 40 μs ［GLA 14］
(a) Al/Bi_2O_3；(b) Al/CuO；(c) Al/MoO_3

3.4.2　光学温度测量：光谱学

利用光学设备测量燃烧温度的方法见参考文献［KWO 03b］和［MOO 04］。使用高速摄影观测通常可以得到燃烧速率的定性差异。对于具有相同组分的纳米铝热剂来说，燃烧速率通常在一个很宽的范围内变化（0.1~1 000 m/s），压实与否对其影响很大。有些纳米铝热剂的表观火焰传播速率测量值接近超声速，这是因为火焰传播过程会受到样品加热温度和（或）样品压实程度的影响，这就导致这些测试结果很难被解释。因此，很难描述纳米铝热剂火焰的持续传播过程，这也是目前热门的研究方向。研究者们普遍认为纳米铝热剂只会爆燃而非爆轰。

3.4.3　光电二极管

使用多个光电二极管平行记录火焰传播瞬间值可以获得更准确的火焰速度测量值［MOO 07］。在开放环境中测量的数据经常会碰到测得的燃烧速度再现性较差等问题，可以通过安装具有周期间隔的挡板，并沿样品放置和点火方向开一个小口来提高测量准确性［WAL 07］。安装挡板旨在减弱未被点燃的游离粉发生移动或悬浮的影响，这些未反应粉末的影响是由燃烧波阵面的强对流导致的。改进实验装置后可提高测量结果的重复性，与此同时测得的火焰速度将大幅下降，而且如前所述火焰的传播机理仍旧不明朗。

3.4.4 封闭燃烧测试

为了进一步改进实验方法，可以将样品装入圆柱管压实后再进行点火［SON 07b，SAN 07，BOC 05，APP 07］。圆柱管通常开有多个侧口用来连接压力传感器和光纤，光纤可以为光电二极管提供光电信号，装置示意图如图 3.19 所示。图 3.20 中为使用透明丙烯酸管来观察燃烧波阵面的实验照片［BOC 05］，管的尾部通常是开口的，这样的实验装置可减少对燃烧材料的限制。

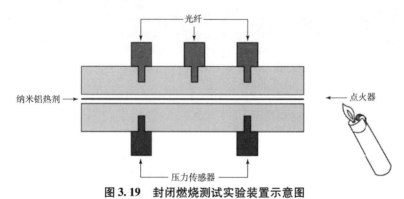

图 3.19　封闭燃烧测试实验装置示意图

另一种用于评价纳米铝热剂燃烧性能的方法是在密闭腔室内对燃烧压力进行测量，也称作压力罐［MOO 07，PUS 07，PUS 06，PRA 05，PER 07a］。测量时利用接有不同的点火器①和压力传感器、不同腔体尺寸的密闭容器进行实验。实验过程可近似看作体系绝热燃烧，由于纳米铝热剂燃烧时产生的能量能使腔体内压力增加［PER 07a］，所以可以同时测量燃烧最大压力和压力上升速率。此外，腔室内的最终压力（燃烧结束，产品冷却后）是衡量终态气相产物组成的重要指标，但利用该测量手段无法解释燃烧瞬态产物或半稳态气体产物［PUS 07］。

---

① 能够加热活性混合物直至点火温度的方法或器件。

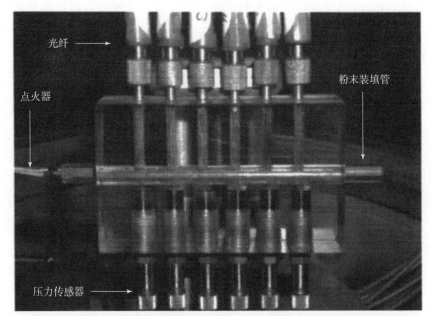

图 3.20　用于燃烧测量的实验管 ［BOC 05］（版权 2005，美国物理学会）

3.5　点火测试

目前可以借助包括热、化学、光学或机械脉冲在内的多种点火方式进行纳米铝热剂的点火实验。每种点火方式都伴随着不同的反应机理进而导致不同的燃烧行为。利用冲击诱导化学反应引发点火与短时间尺度内的铝热剂的混合程度有关，并且已经证实该过程主要依赖纳米铝热剂的内在机械性质。在点火之前，铝热剂首先经历变形和流动或破裂和分散，发火起始点与冲击能量和压力有关。

使用热分析装置，利用热引发点火涉及热化学机理。通过观察所有低加热速率设备中回收的部分反应的铝热剂，可以发现材料部分熔化（即热点），说明其中包含液相反应。热引发点火加热速率通常低于冲击诱导点火几个数量级，其值介于 $10 \sim 10^3 \, ℃/s$。

热源可以由焦耳热、辐射、激光或化学反应来引发。极少使用非常快的加热速率（超过 $10^6 \, ℃/s$）的热源进行纳米铝热剂点火实验。在以下小节中,综述了文献中不同的点火实验。

3.5.1 冲击点火

Thadhani 等进行了冲击点火 Al/Fe$_2$O$_3$ 纳米铝热剂的化学反应动力学研究 [CHE 10]。Al/Fe$_2$O$_3$ 纳米铝热剂通过在正乙烷中超声波混合而成,化学计量比为 1 ($\phi=1$),变量为纳米反应物(Al 和 Fe$_2$O$_3$)尺寸。测试前将混合物压实到密度为 70% TMD。使用压缩气枪作用于铝热剂,冲击速度为 200~500 m/s。

当冲击速度超过 400 m/s 时,Al/Fe$_2$O$_3$ 铝热剂颗粒尺寸对其点火过程影响较大。测试结果表明,对于制备方法相同的铝热剂来说,微米级铝热剂粉末的冲击点火能量阈值比纳米级铝热剂粉末的低。分析认为,点火阈值与铝热剂的局部应变有关。在冲击点火时,由于纳米体系产生应变小,而微米体系中由于颗粒接触较少导致局部应变呈现高分布趋势,因此其相应的点火能量阈值较低。

3.5.2 高速加热(10^6~10^7℃/s)

纳米铝热剂可被大功率热源迅速加热,例如由火帽产生的爆轰波阵面,或是由高能炸药产生的火球,后者的加热速率可达 10^6~10^7℃/s。在实验室中很难搭建如此快速的、具有可控性和可重复性的点火实验平台,很难精确监测点火情况。部分研究者利用纳秒或皮秒 [YAN 02] 激光脉冲进行激光点火,加热速率可达 10^6~10^9℃/s [YAN 03]。也有研究人员使用在细铂丝(直径为 76 μm)上包裹纳米铝热剂进行点火实验 [CHO 10],通过调节电压脉冲发生器对纳米铝热剂进行快速的焦耳加热的方法。这样得到的实验结果能够用于气相反应动力学研究,但是无法用于非均相点火。

3.5.3 均匀缓慢加热(10~100 ℃/s)

在实验室中很容易对纳米铝热剂混合物进行缓慢均匀加热,在非常低的升温速率下的热分析实验中便可实现。

通过调节激光的输出功率控制能量扩散速率,也可以设定特定的加热速率[GRA 04,DIM 89,KUO 93]。

Granier等[GRA 04]研究了超声混合制备的燃料轻微过量的 Al/MoO$_3$ 混合物($\phi=1.2$)的激光点火时间,激光为功率50 W的CO$_2$激光。实验比较了含有不同铝颗粒尺寸铝热剂的点火时间,铝颗粒的直径分别为纳米级(直径为108 nm、39.2 nm 和 29.9 nm)和微米级(直径为20 μm)。将激光起始点到铝热剂开始发光之间的时间间隔视为点火延迟时间。然而,解释激光点火的实验结果非常困难,最大的纷争在于即使采用相同的制样方法,纳米铝热剂的激光能量吸收率差异显著(如金属与氧化物或不同颗粒的大小)。研究者们利用了不同的实验方法评估了纳米 Al 颗粒和纳米 MoO$_3$ 粉末的散射和吸收效率[BEG 07]。结果发现,致密的纳米 MoO$_3$ 粉末散射了大部分入射光,大约有2/3 的入射光被纳米铝颗粒吸收。该实验在操作过程中需要准备一个适宜光学厚度的平板,这为纳米铝的实验增加了难度。为了研究更广范围内的纳米含能材料,需要整合其他测量手段定量检测结果,并解释激光点火中的实验现象。

3.6 静电感度测试(ESD)

将超过 4~30 kV/cm(空气的介电场强度为 30 kV/cm)的静电场强度加载在纳米铝热剂上时,产生的电火花无意间会使其点燃。

虽有大量关于高能炸药的 ESD 点火感度的文献,但关于铝热剂静电感度的研究却很少。图 3.21 列举了用来测量纳米铝热剂 ESD 点火感度的实验装置。测量铝热剂 Al/Bi$_2$O$_3$、Al/CuO 和 Al/Fe$_2$O$_3$ 的最小点火阈值能量分别为 <1 mJ、50 mJ 和 1 mJ。

表 3.5 给出了 Bi$_2$O$_3$ 粒径对铝热剂 ESD 点火感度的影响。平均粒径为 2.4 μm、416 nm 和 80 nm 的 Bi$_2$O$_3$ 分别与平均粒径为 80 nm 的纳米铝颗粒超声混合,化学计量比为 $\phi=1$。结果见表 3.5。由表 3.5 可知,降低氧化剂尺寸会降低铝热剂的最小点火能量,进而使铝热剂的 ESD 点

火感度提高。

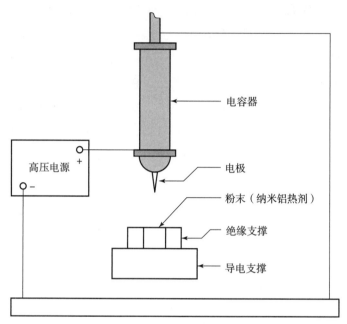

图 3.21　ESD 测试装置

表 3.5　氧化剂 Bi_2O_3 尺寸对 Al/Bi_2O_3 铝热剂最小 ESD 点火能量的影响

Bi_2O_3 平均粒径/nm	ESD 点火能量/μJ
2 400	2
416	0.125
40	0.075

通过分析 ESD 测试结果可知，大部分铝热剂混合物在点火能量低至 118 μJ 时便可被点燃，比人类储能容量小约 170 倍。

Nellums 等［NEL 13］发现使用极性溶剂 N,N-二甲基甲酰胺（DMF）在共振混合器中制备固体含量体积分数为 30% 的 Al/Bi_2O_3 纳米铝热剂，该铝热剂比干燥后铝热剂粉末的 ESD 感度低 5 个数量级。

Foley 等［FOL 07］发现在 Al/CuO 纳米铝热剂中添加 Viton A 后，临界 ESD 点火能量会提高。他们认为添加 Viton A 会增加体系的电阻系数，进而导致最小点火能量阈值增加（即 ESD 感度增加）。Beloni 等

[BEL 10]通过研究微米铝颗粒的火花感度测试了金属燃烧的ESD点火延迟时间。铝颗粒的粒径分别为约4 μm和12 μm,测试结果表明,铝颗粒燃烧时间与焦耳能量线性相关。当放电火花能量增加时,点火延迟时间和燃烧时间变短[BEL 09]。分析结果认为,单个铝颗粒被火花加热后,焦耳热量随后会加热和氧化其余颗粒。

Weir等[WEI 13a]通过电火花点火实验探究了不同铝基微米铝热剂(Al/CuO、Al/MoO_3、Al/Fe_2O_3、Al/I_2O_5、Al/Bi_2O_3和Al/C_2F_4)的电导率与ESD感度之间的关系,结果如图3.22所示。

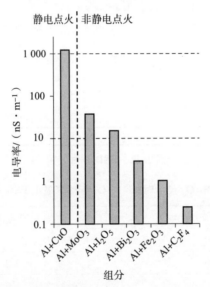

图3.22 不同铝热剂体系电导率与ESD点火的关系(点火能量为10 kV)[WEI 13a](版权2013,爱思唯尔出版集团)

用ESD引燃纳米铝热剂体系的实验目前只有针对Al/CuO的体系。由图3.23可知,在ESD点火时,点火功率和材料电阻可能比ESD触发值高或者低,探究其原因需要更加具体全面地研究电阻率和ESD感度间的关系。由于样品中的铝颗粒完全一样,所以氧化剂种类成为影响ESD点火的主要因素。Weir等[WEI 13b]证实了当颗粒尺寸变小时,电导率急剧增加,进而导致ESD点火感度增加。总之,电导率随铝颗粒表面积与体积比的增加而线性增加。此外,铝颗粒表面惰性氧化壳的存在也会提高体系的点火感度。

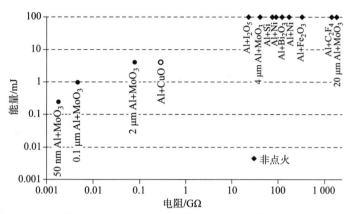

图 3.23　不同铝热剂体系的发火能量与电阻的关系（圆形对应最小发火能量，星形对应不发火的最大能量）[**WEI 13b**]

众所周知，仅通过掺入不足 1% 的碳便可以显著降低纳米铝热剂的 ESD 感度而不会影响其活性。

4

其他反应活性纳米材料和纳米铝热剂

除了直接混合铝和氧化物粉末外,其他方法也可用于制备纳米含能材料并集成到反应系统。这些方法大多通过现代技术构建原子间反应来制备材料,如溶胶-凝胶化学技术、气相沉积技术、冷喷和反应抑制球磨(ARM)等,这些先进技术能准确同步控制氧化剂和可燃剂的结构、结合尺度和分布状况,许多新技术手段甚至能将纳米含能材料直接集成在功能器件上。

本章主要对这些技术路线进行综述,分析了反应产物的主要特点和性能。本章分为六部分,主要是溶胶-凝胶技术(4.1节)、反应活性多层箔(4.2节)、致密活性材料(4.3节)、核壳型材料(4.4节)、活性多孔硅(4.5节)以及其他含能材料(4.6节)。

4.1 溶胶-凝胶技术

溶胶-凝胶技术是一种可用于合成纳米级材料的化学技术,若干文献报道它可以替代机械混合法混合纳米粉末[GAS 01a, GAS 01b, TIL 01]。

溶胶-凝胶化学技术最初用于制备纳米级(1~100 nm)金属氧化物颗粒凝胶,通过将金属醇盐前驱体催化水解、缩合,可以很容易得到金属氧化物纳米颗粒凝胶。美国劳伦斯·利弗莫尔国家实验室的研究者们通过该技术合成了多孔块体材料和纳米级过渡金属氧化物粉末,例如Fe_2O_3或Cr_2O_3复合金属(如Al、Mg或Zr)。操作步骤为:金属水合盐

Fe(NO$_3$)$_3$·9H$_2$O、Cr(NO$_3$)$_3$·9H$_2$O 或 FeCl$_3$·6H$_2$O 作为前驱体溶解在溶液中,环氧化物成为凝胶剂。经过水解和缩合后形成稳定的溶胶体系(即由溶液中的金属纳米颗粒制成的悬浮液)。通过改变溶液的 pH、温度或离子强度,或者加入催化剂或凝胶剂来引发溶胶颗粒表面的基团发生凝结,进一步链接形成湿凝胶。这些湿凝胶是刚性的三维结构,具有纳米骨架和直径为 2~100 nm 的孔。湿凝胶在大气条件下干燥变成干凝胶,干凝胶是具有高比表面积(50~500 m^2/g)和适宜密度(通常仅为堆积密度的 20%~75%)的多孔材料。也可通过超临界 CO$_2$ 萃取技术由干燥湿凝胶得到气凝胶,气凝胶具有高孔隙率、高比表面积(100~1 000 m^2/g)和低密度(通常为堆积密度的 1%~25%)等特点。萃取过程最好在极性的质子溶剂中进行。图 4.1 所示为溶胶-凝胶法的主要步骤,图 4.2 所示为利用溶胶-凝胶技术得到的一种纳米铝热剂产物照片。

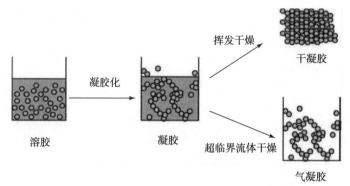

图 4.1　溶胶-凝胶技术制备气凝胶和干凝胶流程示意图

图 4.3 所示为美国劳伦斯·利弗莫尔国家实验室合成的 Al/Fe$_2$O$_3$ 铝热剂的典型透射电镜图像 [TIL 01]。从图中可看到,为了使 Al 颗粒和 Fe$_2$O$_3$ 紧密接触,Al 颗粒(直径为 30 nm)被嵌入 Fe$_2$O$_3$ 骨架。然而,利用这种方法不可避免地存在有机杂质,这些杂质经过检测证实为实验操作中引入的残留有机溶剂,这些杂质对材料的能量特性造成严重的负面影响。可以确定的是,这些杂质在火焰传播过程中吸收大量的热。Plantier 等认为加热氧化剂有助于减少气凝胶和干凝胶中的杂质含量,从而增加燃烧速率,纳米铝热剂气凝胶的燃烧速率增幅很大,可从

约 10 m/s 增加到超过 900 m/s［PLA 05］。

图 4.2　氧化铬气凝胶片［GAS 01a］（版权 2001，爱思唯尔出版集团）

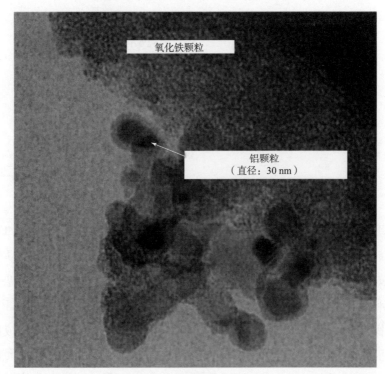

图 4.3　Al/Fe_2O_3 铝热剂的透射电镜图像［TIL 01］（版权 2001，爱思唯尔出版集团）

使用溶胶-凝胶技术制备的另一种活性材料为 Ta/WO$_3$，与传统的 Ta 和 WO$_3$ 粉末混合物相比较，两种工艺下的样品都使用放电等离子体烧结技术凝集。溶胶-凝胶复合物释放的热量比简单混合者高出 30%~35%。这是因为溶胶-凝胶技术制备的复合材料中含有碳。此外，点火实验表明，溶胶-凝胶技术制备的 Ta/WO$_3$ 活性材料对摩擦、火花和冲击点火比较钝感。

采用溶胶-凝胶技术制备纳米铝热剂的优势在于，该法能够使氧化剂和可燃剂形成紧密混合，整个实验在室温下完成，操作简单而且成本较低；劣势在于，使用该技术制备的铝热剂往往具有较高的孔隙率（比表面积可达 400 m^2/g），并且原材料必须能够形成胶体，限制了材料类型，而且因为必须添加纳米金属粉末导致其生产率难以提高。

4.2 反应活性多层箔

反应活性纳米层状材料是另一类典型的纳米含能材料，也称为活性多层纳米箔或活性多层箔，是由两种或多种不同的材料彼此堆叠制成的。局部热、光学或机械冲击均能使其发生自蔓延放热反应。图 4.4 和图 4.5 所示分别为通过物理气相沉积法 [PET 10b] 和机械碾压法 [STO 14，STO 13，ADA 15] 制备的 Al/CuO 和 Al/Ni 多层箔的横截面图像。

活性多层箔的研究始于 20 世纪 90 年代，多层反应箔的概念最早由 Thompson 等于 1990 年提出，他们制备出了单层厚度在 60~300 nm 的 Al/Ni 膜（约 10^{-7}Torr① 的电子束进行蒸发沉积）[MA 90]。该方法已申请专利，美国学者随后进行了广泛的研究，同时引起了部分欧洲学者的兴趣。基本科学问题及潜在应用两者一起促进了活性多层箔的研究，前者旨在利用这些材料为不同加热条件下的相变分析提供模型，它还为金属-氧化物或金属-金属燃烧的分析、经验或数值模型研究提供了理想结构 [BLO 03，EDE 94，BAR 97，TRE 10，KIM 11，TRE 08，

---

① Torr 是压强单位，1 Torr≈133.322 Pa。

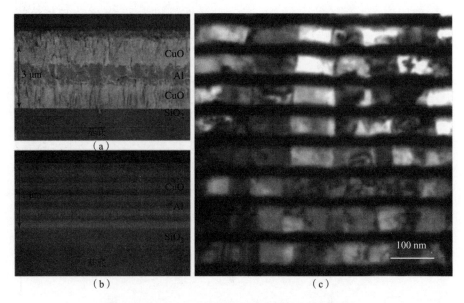

图 4.4　CuO/Al 多层箔的高分辨率透射电镜图像

(a) 三层 CuO (1 μm) /Al (1 μm) /CuO (1 μm); (b) 十层 CuO (100 nm) / Al (100 nm) [PET 10b]; (c) Ni/3Al [BOE 10] (Al/Ni NanoFoil©)

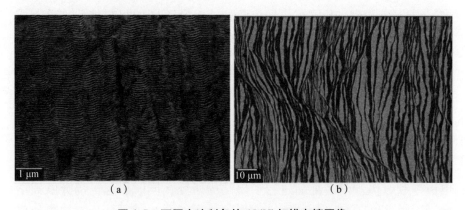

图 4.5　不同方法制备的 Al/Ni 扫描电镜图像

(a) 气相沉积法；(b) 机械碾压法 [KNE 09]（版权 2009，美国物理学会）

FAD 10, ZHA 07b, BAR 11, WEI 11a]。多层箔材料已经逐步应用到包括接合、钎焊、密封和二次点火反应在内的各种领域，在第 6 章将详细介绍这些应用。

4.2.1 双金属多层箔

4.2.1.1 制备方法

很多先期研究提出了双金属膜的单层厚度在 5~500 nm。其中有关 Al/Ni 的研究较多，Ni/Si、Ti/Si、Va/Si、Ti/Al、Ti/Al/B、Al/Pt 和 Al/Ni/Fe 等也包含在内。

这类材料可以通过物理气相沉积（PVD）法［CLE 90，MA 90，REI 99，GAV 00，WAN 04a，GAC 05，ADA 06，DYE 94］或机械混合处理［BAT 99，SIE 01，HEB 04，QIU 07］制得。其中，PVD 法能够较好地控制材料分层，并因此提供合适的反应物间隔。但是，PVD 法相对耗时并且昂贵，限制了多层箔的产量。相比之下，机械碾压法可以制备平均间隔为微米级的宽分布双层膜，成本低廉且产量较大，制备的产物在某些应用时会优先考虑。

1）机械碾压法

Battezzati 等提出了一种制备 Al/Ni 交替箔材料的冷轧技术，通过在 200~600 ℃ 的温度下进行退火处理形成金属间化合物进行相变研究［BAT 99］。多次低能量压制或冷轧处理直至生成金属间化合物，由充分混合的金属箔构成精细微观结构，可观察到的混合层长度达几十纳米。

Stover 等描述了使用碾压工艺制造活性层压材料的机械方法［STO 14］。通过将 Ni 和 Al 的交替片材多层冷轧成具有微米级双层厚度的块状活性材料，然后将轧制的材料研磨成粉末并过筛。该方法可生产出具有不同尺寸的活性多层箔。图 4.6 给出了冷轧工艺的示意图。

2）物理气相沉积（PVD）

PVD 法包括溅射镀膜法和电子束蒸镀法，最常用的是磁控溅射法。图 4.7 所示为金属在基片上交替沉积的主要原理，工艺参数有目标功率、气流、真空室几何形状和靶材 - 基片距离。

沉积之后，可将箔从基底上揭下并进行燃烧性能表征。

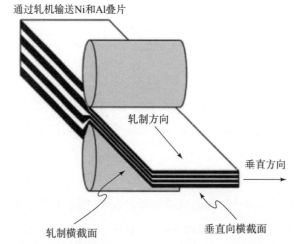

图 4.6　冷轧工艺示意图 [STO 14]（版权 2014，施普林格出版集团）

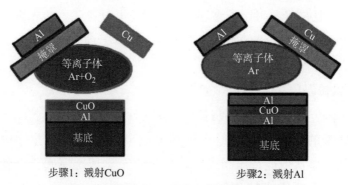

图 4.7　磁控溅射法制备 Ni/Al 纳米箔示意图

4.2.1.2　特性和性能

多层材料中的反应活性往往通过测量反应热和火焰速度（即自蔓延反应速度）来表征。通过电或热刺激引发活性多层材料的自持反应，因此使用高速照相机可监测自蔓延燃烧火焰波阵面。

双金属多层箔测量的火焰速度在 1~10 m/s 之间。当层厚度（或间距）减小到十几纳米时，自蔓延火焰速度迅速增加到极大值，例如对于 Ni/Al 多层箔体系，有一些研究者观测到其火焰速度超过 10 m/s [KNE 09，BRA 12a，BRA 12b，BRA 12c]。

图 4.8 所示为 Weihs 等开发的分析和数值模型。该模型能够预测平

均自蔓延反应速率 V^{avg}，并将其作为双层间隔（~4δ）和预混区宽度（4ω）的函数。

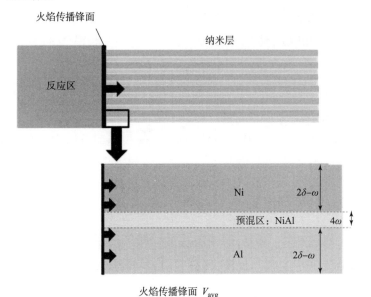

图 4.8　未反应双层箔被细薄 Ni/Al 预混区隔离

沉积过程中金属颗粒的预混损耗了其热力学驱动力（见 4.1.2 节）[MAN 97]。只要 δ 大于预混区宽度 w、V^{avg} 就会随 δ 的减小而增加，这种趋势反映了随着 δ 的减小，平均扩散距离也在下降，如图 4.9 所示。

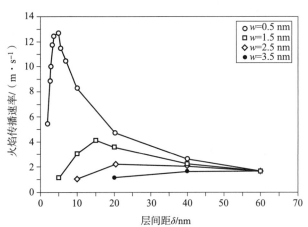

图 4.9　平均自蔓延反应速率作为不同预混区宽度下 Ni/Al 层间隔的函数 [MAN 97]（版权 1997，美国物理研究院）

然而，当 δ 进一步降低时，反应速率会迅速下降到零。数值模型［JAY 98a，JAY 98b］还表明，除了稳定蔓延，在某些情况下还会发生振荡燃烧。在此种情况下，自蔓延反应区宽度发生了较大变化。类似的振荡燃烧已经可以从理论上预测，并在密实纳米铝热剂实验中观测得到。

随后的计算研究重在结合更加复杂的模型来探究材料的性能变化、相变效应、热量损失以及热量释放与成分之间的相互关联［JAY 99，BES 02，SAL 10a，SAL 10b，SAL 10c］。这些模型可以大致预测双层间隔和混合区域对于多层致密活性材料反应的影响。

4.2.2 铝热剂多层箔

与双金属箔相比，铝热剂多层箔受到的关注相对较少，但是铝热反应释放的能量多于金属间反应，这一反应特征引发了若干应用领域的研究兴趣。表4.1所示为几种双金属间反应的反应焓。

表4.1 几种双金属间反应的反应焓（可与表3.1中铝热反应焓进行比较）

双金属	理论反应焓
Al/Co	1.3
Al/Ni	1.4
Al/Ti	1.0
Al/Fe	0.9
Al/Pt	0.9
Al/Cu	0.5

Al/CuO多层箔首当其冲成为研究对象［BES 02］，一些论文对不同层间距的Al/CuO箔沉积技术及其反应状态进行了比较［BAH 14，PET 10b，MAN 10］。

4.2.2.1 制备方法

由于PVD实验在非常低的压力下进行，所以使用该法制备多层箔时可以较好地控制材料分层以及材料纯度。

典型的制备工艺如文献中所描述的［BAH 14］，使用直流（DC）磁控溅射法将 Al 和 Cu 靶材沉积于硅晶片从而得到 Al/CuO 纳米层状材料。溅射沉积时，基片温度通常为 10 ℃，真空室压力小于 10^{-5} Pa，沉积过程中通过调节氧分压可产生 Cu_4O_3 和 CuO 晶体。许多工艺参数需要精准设计，旨在获得高纯度、可控的单层材料，这些工艺参数包括氧气、氩气的比例和流速，真空腔体压力，目标功率以及偏置电压，等等。

例如，为了获取均匀的铜氧化物（Cu/O 比为 1），使用氩气和氧气混合等离子体轰击铜靶材形成沉积，氧分压和氧气与氩气的流速比分别设置为 0.13 Pa 和 0.25。铝薄膜的沉积是铝靶材在氩气等离子体作用下形成的。

为了制备多层箔，首先在基体上（通常为硅）沉积氧化铜，而后在同一个腔室中继续沉积铝膜。过程示意图如图 4.10 所示，图 4.11 所示为常用真空室的照片。

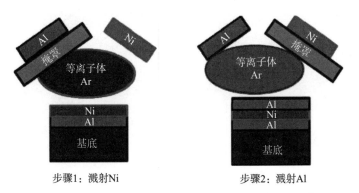

图 4.10　溅射沉积 Al/CuO 多层箔示意图 ［BAH 14］

CuO 箔沉积后，为了防止铝沉积期间发生氧化，氧气要从真空室内自动抽出，每层厚度设置在 25 nm～2 μm 之间，精度为 5 nm。

当层间距减小到 50 nm 时，难以通过溅射沉积法制备 Al/CuO 多层箔，这是因为 Al + CuO 体系的反应活性太高，溅射沉积时产生的热量和电荷足以引发局部点火，反应释放的热会损坏溅射设备。图 4.12 所示为溅射沉积过程中点燃的基片。

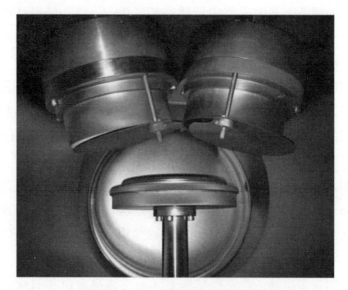

图 4.11　溅射腔体的内景

（图中上左为靶材 Al，上右为靶材 Cu，最下方为基底晶片）

图 4.12　沉积时高反应活性材料发生燃烧

4.2.2.2　特性与性能

当 Al + CuO 层厚度按比例缩小到 25 nm 时，受到界面层的影响（自然环境、缺陷和分布不均），体系变得不稳定，薄膜在室温下发生自燃。界面层指的是 Al 层和 CuO 层之间的区域，其厚度为几个纳米。

关于界面层本征属性及其对 Al/CuO 纳米层状材料反应性能的影响作用已经得到全面且详细的研究，可参看最新发表的论文［KWO 13］，其最大的争议在于，在铝热剂多层膜溅射沉积的过程中，Al 和氧化物层之间形成了所谓的扩散阻挡层，这个界面层是在 Al 与 CuO 之间自发形成的，其厚度和性质会影响到材料的反应动力学［KWO 13］。

图 4.13 所示为溅射沉积后界面层的高分辨率透射电镜图像。图 4.13（b）为 CuO 沉积在厚度为 50 nm 的 Al 膜上，界面层呈非晶态，平均厚度为 4 nm（介于 3~5 nm 之间）。界面层的形成很可能是因为在开始溅射 Cu 层之前，在真空室内产生 O_2 等离子体时的同时产生了 Al_xO_y 层。

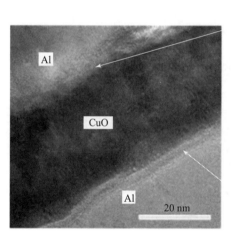

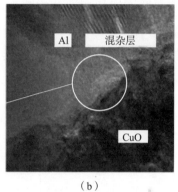

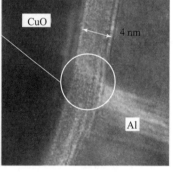

图 4.13　Al/CuO 纳米层状材料高分辨率透射电镜图像
（a）CuO 层（暗区）的条形晶粒结构和 Al 层中的晶粒（亮区）；
（b）在 Al 膜上溅射沉积 CuO；（c）在 CuO 膜上溅射沉积 Al［KWO 13］

换句话说，在溅射之前，先用 O 原子或 O_2 分子连续轰击 Al 靶材表面，沉积形成 Al 膜，然后再在其表面溅射 Cu 靶材沉积 Cu 膜。此外，我们注意到 CuO 溅射在 Al 膜上形成的界面层要比 Al 的自然氧化膜更厚。

使用差示扫描量热仪（DSC）和热刺激点火实验测量了多层铝热剂的反应热（焓）和火焰传播速度。结果显示，最细的双层间距（仅一个双层结构 Al + CuO 层）的火焰传播速度在 2 ~ 90 m/s 范围内。在化学计量比为 1 的条件下（$\phi = 1$），绘制出自蔓延燃烧速率与双层间距的相互关系，如图 4.14 所示。结果表明，自蔓延燃烧速率遵从同样的变化趋势。双层材料间距为 50 nm 时自蔓延燃烧速率为 90 m/s，而后随着厚度增加燃速开始减小，间距达到 1 500 nm 时，自蔓延燃烧速率减小为 2 m/s。当双层厚度减小到 50 nm 以下时，该铝热剂已经不能持续燃烧。此外，多层铝热剂的自蔓延燃烧速率远低于纳米混合粉末。

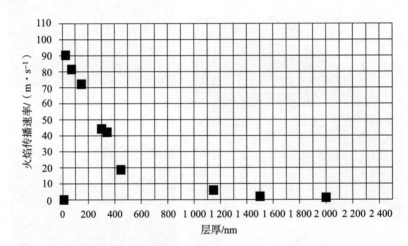

图 4.14 溅射沉积化学计量比为 1 时（$\phi = 1$），测量得到的火焰传播速率与 Al/CuO 多层铝热剂层间距的函数关系（反应箔的总厚度为 2 μm）

需要注意的是，与其他多层体系相比，如 Al/Ni 多层体系，Al/CuO 多层箔具有更高的活性。

基片材料种类及厚度对 Al/CuO 多层铝热剂自蔓延燃烧速率的影响也已经在实验和理论中分别进行了探究。Manesh 等［MAN 10］使用磁控溅射沉积技术制备出的 Al/CuO 多层箔总厚度为 3.2 μm。其中 Al 层厚 26 nm，CuO 层厚 54 nm，一个双层厚 80 nm。他们将 Al/CuO 薄膜沉积在厚度和导热系数不同的基板材料上，如玻璃和硅片。测量可知，在玻璃上沉积的多层箔自蔓延燃烧速率平均值为 46 m/s，而在 Si 上沉积的多层箔则发生了淬灭，这表明了热环境的重要性。

4.2.3 结论

气相沉积法和机械碾压法是两种用于制备多层活性膜和多层反应箔的工艺手段。相比后者，多层气相沉积法得到的产物更多样化，因为几乎所有常用的金属、非金属和金属氧化物都可以通过选择合适的沉积参数来制备，并且便于控制层厚和层数。通过改变层厚、层数和/或改变材料（Sb、Nb、Si、Al、Ni 或一些氧化物）种类，可以轻松实现材料自蔓延燃烧速率的调控 [BAH 14，REI 99，GAV 00]。气相沉积法的优势除了产物性能可调节性之外还有其他很多属性，例如制备的多层箔具有高体积能量密度，可集成在芯片上，以及操作过程中友好环保，不直接接触危险物或活性 Al 纳米粉末等。这些优势使得 PVD 工艺和多层箔材料受到市场的广泛关注，并有宽广的应用，诸如环保洁净型底火、雷管、炸药、原位焊接等，其他方面的应用将在第 6 章中讨论。

4.3 致密活性材料

另一类纳米含能材料属于致密活性材料，此类材料密度大于最大理论密度（TMD）的 70%。一般可采用两种方法进行制备，即高能球磨技术（HEBM）或者高压下固结。这两种方法将在下文中详细描述，同时还会介绍材料的特征。

4.3.1 抑制球磨法（ARM）

HEBM 已经广泛用于材料的快速燃烧合成，能够高效制备纳米结构含能材料或者铝热剂。ARM 是 HEBM 的典型方法之一，许多研究组已经应用这种方法制备纳米铝热剂。一般常用 ARM 制备金属和金属氧化物，也可用于制备硼和其他金属，如钛、锆或铪，生成相应的硼化物。Dreizin 等在这方面的研究较多，在一篇文章中全面综述了该技术的现状［DRE 07］。

将能够发生放热反应的微米级燃料颗粒（金属和/或氧化物粉末）混合并在室温下进行球磨。转速设定为每小时几百转，机械作用会引发颗粒的放热反应，这种放热反应会迅速转化为自持续反应，导致研磨罐内压力和温度的急剧上升，瞬态压力可达 5 GPa。为了避免温度的持续升高，可在球磨容器外安装填充有水或者液氮（如必要）的冷却夹套，这便是低温球磨。用于制备 Al/MoO$_3$ 活性材料的研磨球如图 4.15 所示。

图 4.15　用于制备 Al/MoO$_3$ 活性材料的研磨球
［UMB 06a］（版权 2006，约翰·威立出版集团）
(a) 碳化钨材质；(b) 不锈钢材质；(c) 氧化锆材质；(d) 氧化铝材质

低温研磨系统就是在机械作用引发粉末发生反应之前中断或者抑制反应的进行，可调节的变量包括初始粉末尺寸、粉末样品与研磨介质（己烷）的质量比、研磨温度和时间等参数，加入己烷是为了阻止自持反应的引发。采用 ARM 可以制备出具有纳米结构特征的微米级致密小球，这是一种密度接近最大理论密度的三维复合材料。

图 4.16 和图 4.17 给出了 ARM 制备的两种致密活性材料示例。

ARM 是一种较为便捷、灵活且价格低廉的制备方法，基本上任意组合的金属和氧化物粉末都可以由 ARM 制备得到纳米含能材料。

4 其他反应活性纳米材料和纳米铝热剂

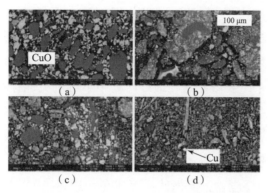

图 4.16 嵌入环氧树脂的 Al/CuO 样品横截面 SEM 图像
[UMB 06b]（版权 2006，爱思唯尔出版集团）
(a) 起始材料；(b),(c),(d) 在不同条件下的研磨样品（己烷质量分数和研磨时间为变量）

图 4.17 在不同己烷质量比下研磨 Al/MoO$_3$ 样品的 SEM 图像（研磨时间设定为 60 min）[UMB 06b]（版权 2006，爱思唯尔出版集团）

下面列举了一些可使用 ARM 制备的纳米材料，主要包括一些铝热剂及双金属：Al/Fe$_2$O$_3$、Al/CuO、Al/MoO$_3$、Al/Bi$_2$O$_3$、Al/WO$_3$、Al/SrO$_2$、Al/NaNO$_3$、Mg/MoO$_3$、Mg/CuO、Si/CuO、Si/MoO$_3$、Si/Bi$_2$O$_3$、Zr/MoO$_3$、

Zr/CuO、Zr/Bi_2O_3、$Si/NaNO_3$、$2B+Ti$、$2B+Zr$、$Al+W$、$Al+Hf$、$Al+Mg$、$Al+Ti$、$Al+Zr$ 等。Rebholz 等探索了低能球磨工艺，制备了摩尔比为 1∶3 的 Al/Ni 双金属致密颗粒 [HAD 10a，HAD 10b]。

ARM 的一个重要限制是在最终产物中不可避免地存在部分反应物，这是因为在研磨时各成分之间的反应是局部机械触发的，但并不是样品本身的自持反应。这样导致在球磨过程中，剩余少量的反应物会在样品中重新分布。通过调节研磨条件和研磨参数 [UMB 06a，UMB 08] 可以减少产物中的反应物，但仍然不可避免。通过 ARM 制备纳米含能材料时需要考虑的另一个重要问题是操作球磨机时的安全性，必须绝对阻止活性组分之间的自持续反应，避免对加工器材和设备造成损害。

值得注意的是，制备多层箔的过程，将氧化物（例如图 4.16 中的 MoO_3）完全嵌入 Al 基材中的过程并不是粉末混合过程。因此，整个 Al/氧化物界面层一旦受到起始信号触发将参与到非均相放热反应中。

有关 ARM 制备纳米铝热剂放热反应的细节性实验研究发现，在 127~227 ℃（通过 DSC 测量）之间可以观察到初始放热反应发生，这远比纳米粉末混合物的初始反应温度低得多。放热反应始温的差异表明了 ARM 制备的铝热剂反应机理不同于粉末混合物（由自然钝化的铝颗粒粉末混合而成）。在开放通道中测量的火焰传播速率远低于粉末混合物的火焰传播速率（低 1~20 倍）和密度（TMD% > 70%）是造成这种速率差异的直接原因。Schoenitz 等报道了在大气条件下制备的 Al/Fe_2O_3 铝热剂的燃烧速率为 0.14 m/s，他们认为在自发反应开始之前充分进行反应抑制球磨，研磨得到的粉末火焰传播速度通常更快和更均匀 [SCH 05]。

这些实验结果完全符合预期：致密的纳米材料反应传播机制与高孔隙率纳米粉末混合物完全不同。在活性材料中，孔会促进压力驱动反应的传播，而对于致密材料，则希望热反应传播得慢一些。

ARM 制备的富铝 Al/CuO 铝热剂，在空气中（560~650 ℃）即可点燃，这与 Al/CuO 纳米箔的着火点接近 [BAH 14]。

4.3.2 冷喷涂凝结技术

Bacciochini 等将冷气动力喷雾（称为冷喷涂）工艺与球磨技术相凝结去处理活性材料，可得到高致密活性材料（密度高达最大理论密度的 99%）[BAC 13]。

从凝结状态 Al/CuO 铝热剂实验结果可以得出样品孔隙率和火焰传播速度之间的关系：降低孔隙率会导致燃烧速率减慢，当孔隙率从 80% 降低到 0 时，燃烧速率从 14 m/s 减小到 1.5 m/s；再者实验结果表明热传递机制发生了变化，有一定孔隙率时以热对流方式为主，而在孔隙率为 0 的状态下转变成以热传导为主，此时气体无法实现渗透。

图 4.18 所示为冷喷涂工艺原理，从图中可以看出，加热后的压缩气体在流过汇聚 – 发散喷嘴时产生超声速气流，此时粉末被气流注入，同时受到流动高压气体的加速（通常为氦气），当粉末被冲击到基板上时，固态微粒发生强烈的局部塑性变形并沉积在基板上。该过程中凝结压力从 0 增至 60 MPa，产物密度可达 TMD 的 20%~60%。

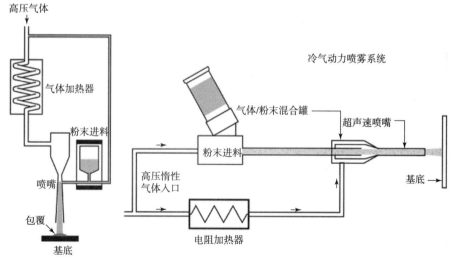

图 4.18 冷气动力喷雾工艺示意图 [BAC 13]（版权 2013，爱思唯尔出版集团）

当实验条件满足压力为 2.1 MPa、工作气体为 He、工作温度约 178 ℃ 时，可以使用冷喷涂工艺将 Ni/Al 和 Ni/Al/MoO$_3$ 的混合粉末合成两种双金属活性材料［DEA 13］。冷喷涂工艺制备的 Ni/Al 含能材料如图 4.19 所示。

图 4.19　冷喷涂工艺制备的 Ni/Al 含能材料［DEA 13］（版权 2013，爱思唯尔出版集团）

通过比较冷喷涂材料与具有类似组成的低密度轴向压制小球的能量性能发现，由 Ni 和 Al 粉末构成的机械混合物在密度较低时具有较高的反应速率，几乎完全致密的冷喷涂样品燃烧速率最低。

4.4　核壳型材料

核壳型材料是一类性质介于小的、单个原子（或分子）和块体之间的材料，如图 4.20 所示。

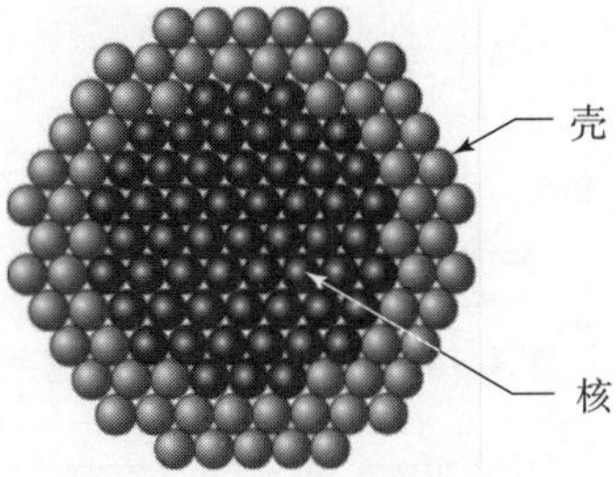

2004 年，Menon 等首次提出了核壳结构含能材料的设想［MEN 04］。图 4.21 所示为 Fe_2O_3 纳米线阵列部分嵌入薄铝膜中的示意图。首先，电化学阳极氧化 Al 箔形成纳米多孔氧化铝模板。然后将 Fe 纳米线通过电化学沉积嵌入

图 4.20　核壳结构材料

纳米孔内。接着从顶部刻蚀部分氧化铝壁，将露出的 Fe 纳米线进行氧化。最后，蚀刻掉剩余的氧化铝壁，同时在空气中将所有 Fe 纳米线热处理为 Fe_2O_3 纳米线。单个纳米线的直径约为 50 nm，观察样本可知每平方厘米约有 10^{10} 根纳米线。

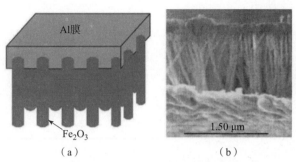

图 4.21　(a) Menon 等提到的 Al/Fe_2O_3 纳米线示意图和 (b) 纳米线铝热剂的 SEM 图像 [MEN 04]（版权 2004，美国物理学会）

这种方法的主要优点是能够获得具有极高填充密度的铝热剂材料，而且可以精确控制氧化剂和可燃剂之间的间距使二者紧密接触。然而，该法制备过程相当复杂，包含了 8 个步骤。随后，Zhang 等发明了一种比较简单的方法制备氧化铜纳米线。首先通过蒸发沉积或电沉积将 Cu 膜沉积到硅基片上，然后在静态空气中控制热处理条件来氧化 Cu，热氧化处理使得 CuO 纳米线生长。最后，在 CuO 纳米线周围以及 CuO/Cu_2O 表面上蒸发沉积薄 Al 层。Al/CuO 核壳型纳米线如图 4.22 所示。

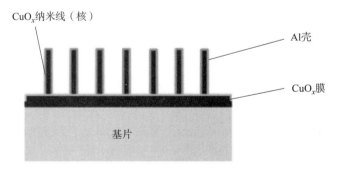

图 4.22　Al/CuO 核壳型纳米线 [ZHA 07c]

核壳型铝热剂的优点包括可燃剂－氧化剂结合紧密、杂质含量较少以及易与微机电系统（MEMS）芯片集成。与 Al/CuO 纳米粉末混合物相比，Al/CuO$_x$ 纳米线的混合均匀性显著提高，活化能明显降低。然而，通过热处理铜薄膜氧化得到 CuO 纳米线时，不可避免地会在 CuO 纳米线下面产生微米级 Cu$_2$O/CuO 层。Al/CuO 纳米线的核壳结构 SEM 图像如图 4.23 所示。

图 4.23 Al/CuO 纳米线的核壳结构 SEM 图像 [ZHA 07c]

(a) Al 层沉积前；(b) Al 层沉积后

这个概念提出以后，其他方法制备核壳型 CuO 纳米线的研究工作纷纷问世 [OHK 11，PET 10a，YAN 12]。

Prakash 等提出利用双温度气溶胶喷雾热解法制备出另一种核壳型含能材料 [PRA 05]。他们在强氧化剂纳米颗粒的表面包覆了相对温和的氧化剂，获得了一种新型纳米级核壳材料，实验流程如图 4.24 所示。核是高锰酸钾，壳是氧化铁。实验步骤是：首先将 Fe(NO$_3$)$_3$·9H$_2$O 和 KMnO$_4$ 水溶液在干燥环境中喷雾成液滴（直径 1 μm）形成气溶胶，然后将其热固化。固化时先将 Fe(NO$_3$)$_3$·9H$_2$O 和 KMnO$_4$ 水溶液保持在 Fe(NO$_3$)$_3$ 分解温度（通常为 120 ℃）以上，然后将温度升至约 240 ℃（约为 KMnO$_4$ 的熔点），最后将直径为 0.6 μm 复合颗粒收集在过滤器上。在 120 ℃时，Fe(NO$_3$)$_3$ 分解为 Fe$_2$O$_3$，Fe$_2$O$_3$ 紧密包覆在固体高锰酸盐上。在 240 ℃时，高锰酸盐熔化，Fe$_2$O$_3$ 在 KMnO$_4$ 颗粒周围聚集，得到包覆有 Fe$_2$O$_3$（厚度为 4 nm）的 KMnO$_4$（直径为 150 nm）复合纳米颗粒。通过改变 Fe_2O_3 厚度可以在较大范围内调节整个纳米颗粒的反应性。除了反应物结合紧密外，这种材料的优点在于材料中每个纳米颗粒上的氧化物包覆层厚度都是纳米级的，并且可以精确控制层厚度以降低材料的点火温度，避免抑制材料的能量释放。

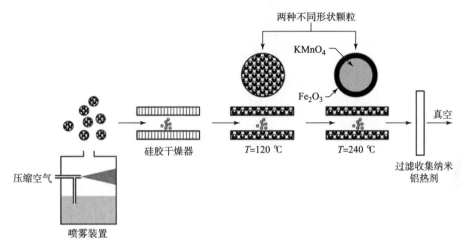

图 4.24　双温度气溶胶喷雾热解法制备纳米核壳材料［PRA 05］（版权 2005，美国化学学会）

采用 DSC 技术在低速加热条件下对核壳型含能材料进行表征。结果显示，嵌入金属基片中的纳米线起始反应温度（下降至 400 ℃）会降低，Al 熔化之前释放的反应热会增加。因为核壳结构没有从基片中释放，自续反应无法证实。

4.5　活性多孔硅

McCord 等发现浸入硝酸的多孔硅能够发生剧烈放热反应，此后，多孔硅开始被视作含能材料［MCC 92］。硅作为可燃剂，与氧源结合时可变为高能材料。除了在空气和 O_2 中发生热氧化之外，液态 O_2、硝酸、硫和强氧化性盐都能使多孔硅快速氧化并且可能引发爆炸［KOV 01，MIK 02］（图 4.25）。

图 4.25　纳米多孔硅与氧化剂 NaClO$_4$ 发生反应 [CUR 09]（版权 2009，IEEE）

此种特性使多孔硅有望用作气囊引发器的组件 [HOF 06]。

在含有氟化物（如 HF）和 H$_2$O$_2$ 的溶液中电化学蚀刻 Si 可制备多孔硅。通过调节氟化物浓度、电流密度、持续时间和原材料等蚀刻参数，可以使多孔硅层的孔隙率和结构尺寸在 2~1 000 nm 范围内可调。电偶腐蚀技术也可用于制备多孔硅，将直接沉积有贵金属如铂或金的 Si 作为负极，单质 Si 作为正极，构成原电池蚀刻正极 Si，孔隙率可达 83%。然后将液体氧化剂如 Ca(ClO$_4$)$_2$、KClO$_4$、NaClO$_4$ 或硫注入纳米孔中。纳米孔在多孔硅中分布较为均匀，嵌入的氧化剂和硅结合紧密。为了使 Si 和 O$_2$ 结合更加紧密，也可以通过气相沉积法在多孔硅上填充氧化剂。多孔硅 SEM 图像如图 4.26 所示。

(a)

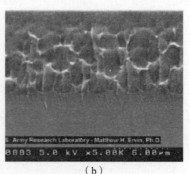
(b)

图 4.26　多孔硅 SEM 图像 [CUR 09]（版权 2009，IEEE）

(a) 俯视图；(b) 横断面图

Plessis 将多孔材料结构模型应用于孔隙率和孔径的质量分析表征，提出了用于评价能量反应强度的品质因数，他认为孔径约为 3.5 nm 时多孔硅的能量释放率最大 [PLE 07]。

经过系统研究多孔硅与 $NaClO_4$ 之间的反应后发现，O_2 不充足时，该反应的反应热约为 10 kJ/g；O_2 充足时反应热为 27 kJ/g，接近 $NaClO_4$ 完全氧化 Si 的反应热理论值（33 kJ/g），远高于高氯酸锆钾氧化 Si 的反应热（6.3 kJ/g）。Becker 等测量出了孔隙内注入高氯酸钠（$NaClO_4$）、孔尺度为 2.4~2.5 nm 多孔硅的火焰传播速率，约为 3 050 m/s [BEC 11]。同时发现多孔硅的活化能和氧化反应可以通过调控 SiO_2 层厚度来改变。

除此以外，活性多孔硅相比其他可燃剂/氧化剂纳米粉末混合物的一个显著优点是它可以单片集成在硅基片上，这使其能够更好地适应微系统加工处理技术。

目前，各方均致力于控制反应动力学方面的研究，这也的确是非常有趣的课题。

4.6 其他含能材料

电泳沉积技术（EPD）可用于沉积厚度为几十微米至几百微米的薄膜。2012 年美国劳伦斯·利弗莫尔国家实验室的 Sullivan 等提出使用该技术在不同基片上沉积纳米铝热剂薄膜 [SUL 12b]，如图 4.27 所示。

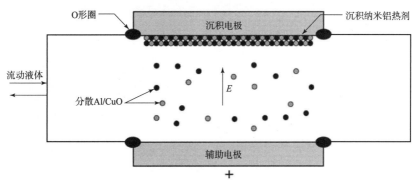

图 4.27 美国劳伦斯·利弗莫尔国家实验室使用的 EPD 沉积铝热剂示意图 [SUL 12a]（版权 2004，爱思唯尔出版集团）

他们制备了密度为 29% TMD 的 Al/CuO 纳米铝热剂薄膜,具体操作步骤为:首先在体积比为 3∶1 的乙醇/水溶液中制备占总体积 0.2%的纳米粉末稳定分散液;然后将该分散液在 200 W 功率、50% 占空比条件下边搅拌边超声处理 60 s,随后加入 10 mL 水 [SUL 12b];静置 8 h,分散液稳定到足以在最高场强为 200 V/cm 的电磁场中发生沉积。

图 4.28 中为 EPD 制备的 Al/CuO 纳米铝热剂的俯视图和截面图。从图中可以看出,Al/CuO 薄膜在干燥时会出现裂纹。通过元素成像发现材料中的可燃剂 – 氧化剂没有明显分离,这说明使用 EPD 技术可以很好地混合铝热剂。沉积铝热剂的光学图像如图 4.29 所示。沉积膜

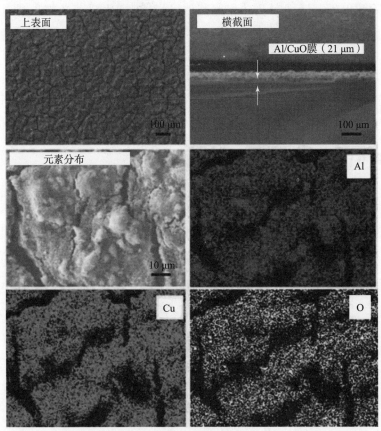

图 4.28　采用 EDP 制备的 Al/CuO 纳米铝热剂俯视图、截面图和元素分析图像 [SUL 12a] (版权 2012,爱思唯尔出版集团)

中成分当量比可作为前驱分散液组成的函数，Al 和 CuO 间表面电荷不同，沉积速率也会有所差异。假设沉积速率与浓度是线性相关的，利用线性校正因子可以获得沉积速率。Sullivan 等提出 Al/CuO 膜的当量比（ϕ_f）是分散液质量当量比（ϕ_d）的线性函数：$\phi_f = 0.566\phi_d$ ［SUL 12a］。应当注意的是，当量比的校正因子（ϕ_f/ϕ_d）是与系统相关的，如果 EPD 系统变化了，二者可能是非线性的。

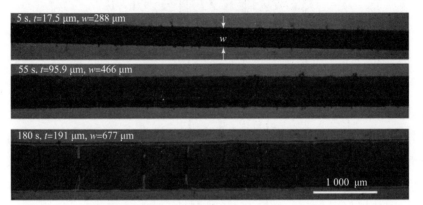

图 4.29　一些铝热剂沉积物的光学图像［SUL 12a］（版权 2012，爱思唯尔出版集团）

5
燃烧和压力产生机理

目前，相关研究一定程度上的主要关注点是微米级 Al 颗粒在不同比例氧、二氧化碳和氮的氧化性气氛中的燃烧和点火过程。实验包括在氢/氧/氩微型扩散火焰燃烧器中放入 Al 颗粒。虽然氧化壳发生相变的扩散模型已经被用于描述微米级 Al 颗粒的燃烧过程，但是长期以来一直认为微米级 Al 颗粒在气相中的反应类似于金属液滴的燃烧反应[TRU 05]，实际上纳米 Al 颗粒的燃烧反应远比这复杂，其物理化学传输机理仍有待揭示[GLA 64]。一些理论和实验研究集中在纳米颗粒氧化过程中的氧化环境上[RAI 04]或者金属氧化物上[SUL 10]。通过高温熔化氧化铝壳来探究 Al 核和其表层钝化氧化物之间的相互作用是研究纳米级 Al 颗粒点火机理的关键问题。由于反应涉及的时间短且空间小，难以通过原位实验观察来定量验证设想的反应机理，特别是本节提出的方案。此外，与微米级颗粒相比，亚稳态纳米颗粒达不到持续燃烧，因为气体平均自由程远小于颗粒尺寸。近年来，有关纳米颗粒燃烧机理的实验和模型已被提出，已有的一些观点对于凝聚相到气相发生的反应持有完全对立的态度，扩散机理模型向力-化学理论过渡，这是因为纳米铝颗粒燃烧时，Al 核在各个方向上喷射出的 Al 团簇会促使钝化层破碎或者壳散裂。

图 5.1 所示为铝颗粒燃烧的两种主要机理。图 5.1（a）所示为气相扩散或扩散限制的燃烧机理。从图中可以看到，火焰没有出现在颗粒表面，它们之间的间隔受空气氧化剂与表层金属的扩散控制。氧化铝的

沸点决定了火焰温度的峰值很高。该结构于 20 世纪 70 年代被提出，在微米尺度铝粉（即直径大于 10 μm）中观测到，并为许多燃烧模型广泛使用［LAW 73］。

当自蔓延燃烧使铝颗粒直径减小时，扩散速率要快于反应速率，此时火焰向颗粒表面移动，我们称此时的燃烧过程为表面控制的燃烧过程（图 5.1（b））。此时，氧气扩散到邻近颗粒表面，并在颗粒表面引发非均相化学反应。例如，这一现象可通过观察铝颗粒在 CO_2 中燃烧而获得［LEG 01］。在表面控制燃烧过程中，温度始终保持在铝的沸点附近。图 5.1（c）所示的示意图对应纳米颗粒燃烧时铝核的收缩模型：氧化剂通过氧化铝壳扩散到铝核内引起铝/氧反应［PAR 05］。此时，反应区域的燃烧温度比铝核温度更高。有关纳米铝颗粒燃烧的最新测量结果［BAZ 06］与这一模型吻合较好，更多的细节将在 5.2.1 节中介绍。

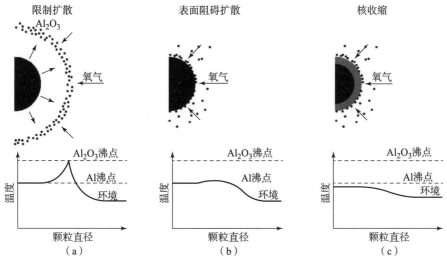

图 5.1　铝颗粒燃烧的不同结构模型典型范例［BAZ 07］（版权 2007，爱思唯尔出版集团）

本章总结了公开出版文献中研讨的铝颗粒的各种点火和燃烧机理，最后一节主要介绍了铝热剂燃烧期间的气体产物生成。期待在不久的将来，有关反应机理的阐释有更大的突破性进展。

5.1 Al 颗粒燃烧的普适性规律：微米级和纳米级，基于扩散理论的动力学

图 5.2（a）所示为实验测量的铝颗粒燃烧速率（r_b），以及点火温度与颗粒直径的函数关系 [HUA 09，SUN 13]。图 5.2（a）记录的数据是有关浸入水燃烧体系的，重点是粒度和压力对燃烧反应的影响。

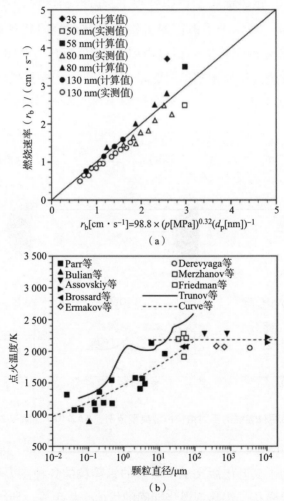

图 5.2 （a）在不同粒径和压力下测量和计算的燃烧速率以及（b）氧气环境中铝颗粒的点火温度与颗粒直径的函数关系 [HUA 09]（版权 2009，爱思唯尔出版集团）

Sundaram 等认为燃烧速率与粒径成反比，图 5.2（b）显示出不同条件与粒度分布下的数据［SUN 13］，在比较和分析这些数据时需要特别小心。总的趋势表明，直径较大的铝颗粒（>100 μm），点火温度接近氧化铝的熔点（即 2 070 ℃）。对于纳米铝颗粒，目前报道的反应温度接近铝的熔点（660 ℃）。

Brooks 等最近做了相关研究的详细综述［BRO 95］。本章概括总结了主要的研究趋势和结论。因为温度可以测量，所有的论文均假定铝颗粒完全燃烧。此外，气相中不含固态气溶胶颗粒，燃烧时间 t_b 与 Al 颗粒直径 d 遵从指数（n）幂律关系：

$$t_b \sim d^n \tag{5.1}$$

经典火焰扩散理论认为 $n=2$，即 $t_b \sim d^2$，而动力学控制理论则认为 $n=1$，即 $t_b \sim d$。对于微米铝颗粒的燃烧反应来说，由于氧化物钝化层的存在，指数 n 小于 2（即 $t_b \sim d^n$，其中 $n<2$）。Brooks 等通过拟合实验数据认为 n 等于 1.8［BRO 95］。我们也注明当颗粒直径大于 10 μm 时，燃烧时间主要是环境气体温度的函数，此时 n 减小到 0.5。Bazyn 等认为，对于微米铝颗粒来说，必须分别考虑氧化气氛和燃烧条件的影响，例如 O_2 和 CO_2 的百分比，因此，指数 n 介于 0.68~1.15 之间［BAZ 07］。Huang 等认为直径在 100 nm 左右的纳米铝颗粒，指数 $n=0.3$［HUA 07］。此外他们还发现，通过改变氧化气氛中的氩气量，火焰温度可以控制在 630~2 100 ℃。

Rai 等通过等式 $t \propto d^{1.6 \pm 0.1}$（直径 <35 nm）来表征纳米铝颗粒的燃烧时间，其中 t 是颗粒反应所需的时间，d 是颗粒直径［RAI 06］。这个规律表明，如果只考虑核收缩模型，大颗粒反应快于小颗粒。如果这个过程仅仅是自由分子状态下颗粒的表面反应，那么 d 和 t 可能呈线性关系。如果只考虑铝的扩散或者只考虑氧通过氧化物外壳的扩散，那么就没有任何压力梯度，则可得到 $t \propto d^2$。因为只涉及铝核的熔化，所以这与忽略压力梯度下的核收缩模型［LEV 99］一致。

5.2 氧化层中的应力和核收缩模型

大多数关于铝燃烧过程的早期研究认为，纳米铝颗粒的点燃和反应基于 Al 和氧化剂（物质、离子或其他）在氧化铝壳的扩散。然而，使用单粒子质谱与高温透射电镜联动装置可以观察到氧化物壳的机械破裂以及熔融铝从纳米颗粒中流出［RAI 04］。在高温、低温加热速率下都分别进行了实验研究。Rai 等在实验中发现，在不同的加热速率下，铝核熔化并对氧化物壳施加压力，导致其破裂［RAI 04］。

在近期的研究中，发现有些铝热剂通过凝聚相活性烧结机理进行反应［SUL 12c，SUL 10］。该机理提出反应发生在可燃剂－氧化剂的界面层，释放的能量快速从界面层传播开，用于进一步加热和熔化相邻的颗粒材料。当颗粒熔化时，该能量可以通过表面张力/毛细作用力快速传递到反应界面。在金属流动的同时氧化铝壳形成压力。氧化剂的分解或升华会使氧化物壳层压力上升，其他还未反应的可燃剂在氧化性环境中发生持续非均相反应。

Levitas 等进行了另一系列实验［LEV 07］，实验结果显示将炉温从 500 ℃ 升高到 800 ℃ 后，纳米铝颗粒的密度从 2.72 g/cm^3 增加到 3.85 g/cm^3。铝的密度为 2.7 g/cm^3，氧化铝密度随晶体结构变化，其范围为 3~3.99 g/cm^3。因此，铝颗粒密度的增加证实有一部分铝核发生了氧化。当温度增加到 1 100 ℃ 时，密度之所以会减小，是因为中空颗粒的形成。该氧化过程即氧化剂穿过氧化铝壳到达铝核，这与核收缩模型一致。在该模型中，表面张力效应导致氧化铝牢牢地黏附在颗粒上，火焰移动并靠近铝颗粒表面，靠近铝颗粒表面处的最高温度接近铝的沸点［PAR 05］。因此纳米铝颗粒燃烧时，氧化剂先扩散到颗粒表面，然后穿过氧化铝壳，燃烧温度在铝核处较高，氧化铝壳破裂后熔融的铝流出，此时环境温度并不一定会显著升高。

5.3 铝燃烧过程的扩散反应机理

在约 10^5℃/s 的加热速率下使用铂丝对 Al/CuO 纳米铝热剂进行点火实验 [HUA 09]。当铂丝温度达到约 1 000 ℃ 时，关闭电源，使用快速时间分辨质谱仪检测扩散物质。实验发现，Al/CuO 纳米铝热剂的点火温度远高于铝的熔点，并且在 977 ℃ 以下没有观察到自持性火焰。他们测量了点火延迟时间（加热结束和反应开始之间的延迟），发现与扩散限制反应一致，点火延迟时间随着氧化铝壳厚度的增加而增加。此外还探究了其他铝热剂体系的燃烧机理，例如快速加热 Al/Fe_2O_3 铝热剂（约 10^5℃/s）[HUA 09，ZHO 10]，使用时间分辨质谱仪测量了在远低于火焰出现温度时 O_2 的大量释放过程。

在铝热剂的氧化过程中，燃烧体系会释放热量，考虑到能量平衡的质量传递问题，提出了扩散反应模型用来描述氧化层的传输过程。但是该模型并没有考虑在高压梯度下 Al 核熔融时氧化物壳可能会变薄或者破裂的情况。该模型假设纳米铝颗粒的氧化过程是一种传输控制过程。因此，假定本征反应速率是无限的，氧化铝外壳内的氧和铝的传输通量决定了反应通量。最初，铝表面反应的氧通量等价于自由分子状态中的碰撞速率。随着反应的进行，氧化铝壳生长并覆盖在颗粒表面，氧和铝扩散穿过氧化铝壳，在氧化铝壳内发生的反应如图 5.3 所示。氧和铝在氧化铝中扩散系数的不确定性使得这种模型难以定量应用。在 1 200 ℃ 时，氧在氧化铝中的扩散系数为 $10^{-27} \sim 10^{-9}$ m^2/s，铝在氧化铝中的扩散系数为 $1.5 \times 10^{-19} \sim 1.5 \times 10^{-8}$ m^2/s。此外该模型还考虑了氧化铝壳内铝/氧反应能量（热）的释放。该模型的应用主要受到以下限制：支撑该模型的大多数物理性质和数据还不可用或未得到验证，如颗粒外表面的氧浓度、溶解度等。

如图 5.4 所示，压力梯度对氧化铝壳内反应面的影响也可以粗略估计出来。在反应的初始阶段，氧化铝壳较薄，压力梯度的增加导致氧化速率降低。当壳厚度在 $1 \sim 4$ nm 时，反应面距离 Al/Al_2O_3 界面层约 0.5 nm。

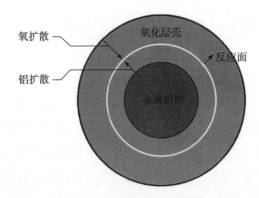

图 5.3 扩散反应模型示意图（图中包括金属核、氧化物壳和表面动态反应）[RAI 06]

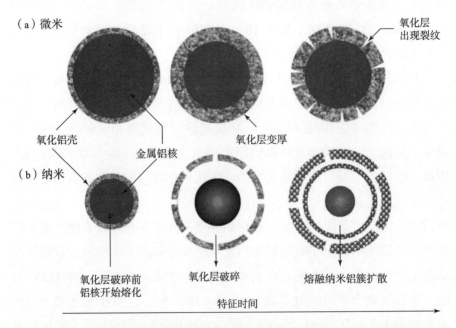

图 5.4 （a）微米级颗粒经铝和氧扩散穿过氧化物壳发生反应，氧化物壳在 Al 熔化之前破裂，然后复原；（b）纳米级颗粒在快速加热期间通过熔融 Al 分散发生反应 [LEV 07]（版权 2007，美国物理学会）

此时，由于压力梯度的影响，铝和氧在热对流区域扩散得较快，加快了氧化速率。所以当氧化物壳的厚度为 1~4 nm 时，压力梯度会加快反应速率。当壳变厚时，反应区域从金属/金属氧化物界面进一步移动。此时，铝和氧也会由于压力梯度的影响在热对流区域扩散得较快，反应速率加快。当壳层厚度逐渐变大时，压力梯度的影响会变弱，这是因为氧要扩散通过壳层才能发生反应。因此，在不同的氧化阶段，压力梯度以不同的方式影响反应速率，这种影响使得时间-半径存在一定的关系。

5.4 熔融分散机理

2007 年，Levitas 等提出了一系列高温下纳米 Al 颗粒的氧化模型。通过测量纳米铝热剂混合物的反应过程发现，过于缓慢的扩散机制无法产生每秒几百米的火焰传播速率，纳米级（低于 80~100 nm）颗粒的火焰传播速率与其尺寸无关，粒径小于 120 nm 颗粒的点火延迟时间与其尺寸也无关。这些现象导致熔融分散机理（MDM）的提出，该机理基于氧化物壳剥落之后 Al 簇从内核高速喷射到氧化剂表面，随后扩散到颗粒周围介质中。当铝熔融时，从固体（密度为 2.7 g/cm³）变为液体（密度为 2.4 g/cm³），体积快速膨胀，导致氧化物壳处于扩张状态，铝核处于压缩状态。熔化引起的体积变化导致在熔融 Al 核中产生 1~2 GPa 的压力，并引起氧化铝壳持续剥落［LEV 07］。分子动力学已经模拟证实了氧化物包覆的纳米铝颗粒内部存在高压力梯度［CAM 99］。铝核维持正压，氧化物壳主要处于负压（张力），颗粒内部的这种压力梯度导致氧化物层变薄直到破裂。此时，Al 簇高速（估计 100~250 m/s）喷射出来。MDM 认为由氧化铝薄壳覆盖的单个 Al 颗粒会变成高速喷射的数百或数千个较小的纳米铝颗粒，因此与微米级铝颗粒相比，铝核扩散速率增加。熔融喷射 Al 簇散布在氧化剂表面上，可以在气相（如果是氧化气氛的话）中发生氧化或者可以部分渗透到氧化剂中参与反应。

实验结果表明，纳米颗粒的火焰速度和燃烧时间与 MDM 的理论预测无论在定性与定量上均具有良好的一致性［LEV 07］。除了解释反应时间极短的原因以外，还获得了 MDM 和实验之间的对应关系：

（1）当颗粒半径低于某一临界值时，火焰速度和点火时间与半径无关。

（2）氧化物壳破裂过程与传统的扩散反应机理一致，与 MDM 不同。

（3）纳米铝片的燃烧机理与 MDM 不同，而与微米级球形颗粒的燃烧机理相似。

5.5 气体和压力产生机理

5.5.1 动力学模型

最近，纳米铝热剂燃烧时的气体产物种类或破裂压力引起了相关学者的注意，扩展了纳米铝热剂潜在的应用领域，例如气体输送［ROD 09，KOR 12，SUL 13，GRI 12，FAN 07，SUN 09］和推进系统等［APP 09，LAR 03］。在6.3节中介绍了相关的应用。

将 Al_2O_3 和金属作为终产物的铝热剂方程仅仅是基本原理。事实上，在大多数实际情况下，反应过程中可能会生成各种中间体和最终产物，例如氧化物、低价氧化物和合金。气态中间体的形成及其对压力增加的贡献可以解释像 Al/MoO_3 这样的体系，虽然热力学预测该体系产生的气体约为 Al/CuO 或 Al/Bi_2O_3 的一半，却仍然可以快速反应并且表现出与其他铝热剂一样的压力［SAN 07］。

Martirosyan 等公布了模拟铝热剂燃烧过程中压力产生的首次尝试，该模拟实验基于气体动力学方程［WAN 11］。最近，我们基于确定的基本物理化学过程提出了压力产生的第一个机理，旨在预测不同铝-铝热剂混合物最大反应压力、温度以及反应产物（气体和固体产物）与其理论最大密度百分比（TMD%）之间的函数关系。

采用"局部平衡热力学"程序，定义所有的相变，接着定义所有的中间产物、分压和总压以及温度对反应程度的函数。实际上，考虑到混合物的化学计量数（$\phi = 1$），假设当体系达到热力学平衡时，表征反应程度的值为 ξ，此时整个铝热反应可以表示为

$$\frac{2b}{3}\text{Al} + \text{M}_a\text{O}_b \rightarrow \frac{b\xi}{3}\text{Al}_2\text{O}_3 + a\xi\text{M} + (1-\xi)\frac{2b}{3}\text{Al} + (1-\xi)\text{M}_a\text{O}_b$$

(5.2)

式中，ξ 表示铝热剂混合物的转换百分数，而剩余的 $(1-\xi)$ 部分表示还未反应。

根据氧化物的性质、温度以及反应室中不同的蒸气分压，在方程 (5.2) 中增加其他的相变过程，主要有：

(1) 所有物质的熔化和沸腾过程。

(2) 合金和氧化物的分解过程。

(3) 以合金或氧化物形式的冷凝。

对于给定的铝热剂 $\text{Al}/\text{M}_a\text{O}_b$ 和 TMD%，反应程度为 ξ 时，将温度从环境温度加热至 4 000 ℃，计算各个温度下各物质的分压，并根据理想气体定律确定物质的量，推导出凝聚相的组成，使用能量守恒方程来计算温度对 ξ 的函数。燃烧释放的热量等于 $\xi \text{TMD}\% \Delta H$，其中 TMD% 是 TMD 百分比，$\Delta H$ 是铝热剂的反应焓（见表 5.1）。释放的能量用于增加铝热剂温度并且提供可能发生相变所需的潜热。将系统加热到温度 T 时所需的总热量 $q(T)$ 可以表示为

$$q(T) = \int_{T_0}^{T} [C_v(T) + h(T)] \mathrm{d}T \tag{5.3}$$

式中，T_0 为初始温度，此处为环境温度（25 ℃）；$C_v(T)$ 是各物质的热容；$h(T)$ 为潜热。$h(T)$ 是由一定温度下一系列狄拉克三角函数组成的函数，可以用于在适宜温度下的任何相变过程，除蒸发之外。因为蒸发过程的潜热与局部蒸气压力有关，是连续过程。

表5.1 各物质在大气压下的蒸发/分解潜热 [LID 91]

种类	气化潜热/(kg·mol^{-1})
Al 蒸发	294
Al$_2$O$_3$ 分解	1 402
Cu 蒸发	338
CuO 分解	70
Cu$_2$O 分解	115

5.5.2 Al/CuO 应用实例

对于 Al/CuO 体系，方程（5.4）可以分解成 6 个以下方程，这 6 个方程式中包含 9 个反应。

$$2\ CuO_{(s)} \leftrightarrow Cu_2O_{(s)} + \frac{1}{2}O_{2(g)}$$

$$Cu_2O_{(s)} \xrightarrow{1\ 244\ ℃} Cu_2O_{(l)} \leftrightarrow 2\ Cu_{(l)} + \frac{1}{2}O_{2(g)}$$

$$Cu_{(s)} \xrightarrow{1\ 085\ ℃} Cu_{(l)} \leftrightarrow 2Cu_{(g)}$$

$$Al_2O_{3(s)} \xrightarrow{2\ 072\ ℃} Al_2O_{3(l)} \leftrightarrow 2Al_{(g)} + \frac{3}{2}O_{2(g)}$$

$$Al_{(s)} \xrightarrow{660\ ℃} Al_{(l)} \leftrightarrow Al_{(g)} \tag{5.4}$$

在这些方程中，下标（s）、（l）和（g）分别代表固相、液相和气相。在这 9 个反应中，4 个反应直接表示凝聚态间的相变，代表了反应方向。转变温度由 4 个反应系统分配。剩余的 5 个反应是可逆的（已用双向箭头标示出来），其中存在气相。部分蒸气分压是正向反应或逆向反应的驱动力，包括生成能在内的所有的热力学常数，都来自文献（表 5.1）。图 5.5 所示为在 Al/CuO 体系中平衡温度对 ξ 的函数曲线。从图中观察到平衡温度被增加到 3 400 ℃，2 072 ℃ 出现的小峰为 Al_2O_3 熔点。图 5.5 给出了三种不同 TMD%（10%、30% 和 50%）下的最大压力，最大压力不仅取决于温度，而且取决于气体可膨胀体积。TMD% 的增加导致自由体积减小和总压力增加。对于三种 TMD% 值，压力从 $\xi=0.3$ 开始升高，对应的温度约为 1 000 ℃（图 5.5）。

理论压力并不是单调升高的，当反应还未完成时就已经达到最大压力值，这与普遍认为压降仅仅是反应停止和系统通过热损失开始冷却的理论相反。此外，低密度（TMD% 为 30%）体系的压力会发生振荡变化。高密度体系也可以观察到这种趋势，但是最大值不是很明显，其函数图线为肩峰。

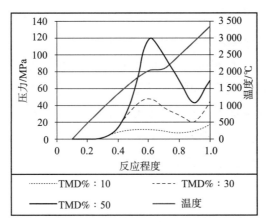

图 5.5　理论压力和温度对 Al/CuO 燃烧反应程度（ξ）和不同 TMD% 的函数图线

为了解释这种现象，在图 5.6 中给出了 Al、Cu 和 O_2 气相分压、总压力和温度对 ξ 的函数曲线，TMD% 为 30%。从图中可以看出，所有的气体分压不会同时上升。

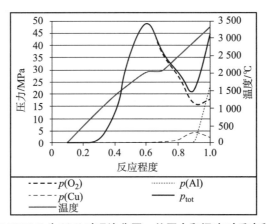

图 5.6　当 TMD% 为 30% 时理论分压、总压力和温度对反应程度的函数

总压力主要由氧气驱动，氧气在 $\xi=0.6$ 处具有第一压力峰值，在 $\xi=0.8$ 处具有温和的压力肩峰，两个峰值分别由 CuO 和 Cu_2O 分解产生。气态铝和气态铜只会微弱地影响反应结束过程。Cu 蒸气来自液态 Cu 的蒸发，而 Al 蒸气来自 Al_2O_3 的分解，后者解释了总压力从 $\xi=0.9$ 到 $\xi=1$ 增加的原因。由于最终温度（3 330 ℃）大于氧化铝的沸点（2 977 ℃），所以 Al_2O_3 会蒸发为气态。当反应快完成时，总压力几乎完全由铝分压决定。氧分压比较稳定是由于液体氧化铝蒸发所提供的氧分子和铝氧化反应消耗氧之间达到平衡。

总而言之，对于 TMD% 为 10% 的体系，反应结束时（$\xi=1$）压力达到饱和，导致出现 18 MPa 压力饱和峰。对于 TMD% 分别为 30% 和 50% 的体系，在反应 $\xi=0.6$ 时压力最大，分别为 49 MPa 和 118 MPa。压力从最大压力值降低到 $\xi=0.9$ 时，系统温度达到最高并使得氧化铝发生分解，导致压力增加到 71 MPa。

6 应用

除了作为新型的引物和推进剂添加剂以外,新型纳米含能材料已经应用到各个领域,主要有微点火、快速起爆、新材料加工、反应性焊接、推进系统、微机电系统(MEMS)能量源、压力介导的分子输运、材料合成、生物制剂灭活、氢气制造和用于存储能量的纳米充电器。表6.1列出了与这些应用相关的反应。

表6.1 纳米含能材料应用

作用	功能及应用
热辐射放热	反应性焊接 微点火和快速起爆 微型发电
气体	微作动/推进 压力介导分子输送
反应产物	材料合成 生物制剂灭活
其他	推进剂添加剂 氢气制造 纳米充电

6.1 活性焊接

活性箔可以用作焊接、铜焊或钎焊的局部热源发生器。双金属材料反应释放的总热量较小，非常适合于低温焊接敏感层和热膨胀系数差异较大的部件，例如焊接金属。Al/Ni 多层箔的自蔓延放热反应已被用于金属玻璃［SWI 03］、钛合金［DUC 04］、不锈钢［WAN 04a］、硅晶片的焊接［QIU 08］，以及 MEMS 的封装［BRA 12a］。使用 176 μm 厚的 Al/Ni 多层箔在 160 MPa 压力下焊接两种金属玻璃（$Zr_{57}Ti_5Cu_{20}Ni_8Al_{10}$），接头可承受的最高剪切强度为 483 MPa［SWI 03］。

此外，还可用于包括 Cu、电镀 Au、Al、SiC/Ti 和 Al/Al_2O_3 等材料的焊接。图 6.1 给出了使用活性箔接合两个组件的示意图。

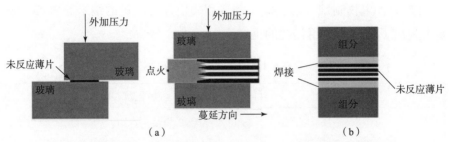

图 6.1　焊接过程示意图［SWI 03］（版权 2003，爱思唯尔出版集团）
(a) 无焊料焊接（箔点火前和点火后）；(b) 使用焊料介质焊接

焊接质量的好坏取决于熔化持续时间和焊料/部件界面处的最大温度。调整一些参数可以取得较好的焊接效果，如施加的压力、箔厚度、待焊接的材料和焊料种类等。Weihs 等描述了施加压力的大小（48～100 MPa）对使用 Al/Ni 纳米箔、AuSn 和 AgSn 焊层反应性焊接不锈钢和 Al 合金试样的影响［WAN 04b］。对于给定的焊接系统，施加较高的焊接压力会增强熔融焊料的流动，并会因此改善材料间的润湿程度和焊接效果。施加的焊接压力决定了焊料持续熔化时间和焊料/元件界面处的最高温度取决于箔厚度（即取决于反应焓）以及焊料材料和组分的性质。熔化持续时间较长、界面处温度较高会增强焊料的流动，改善润湿条件会降低所需的焊接压力。

Kokonou 等通过连续蒸发 Al 和 Ni，将双金属 Al/Ni 纳米棒焊接在多孔氧化铝模板上，在孔的内部和孔壁顶部均有沉积，形成了多孔双金属 Al/Ni 覆盖层［KOK 09］。在图 6.2 横截面透射电镜图像中可以看到，在模板孔内存在双金属 Al/Ni 纳米棒，Al 在底部，Ni 在顶部。从图中可以清楚地看到，Al 和 Ni 已经沉积在孔壁上，形成了多孔覆盖层。在多孔双金属膜上进行火花点火，实验发现该反应发生径向传播，产生了熔融镍铝化物，熔融的 NiAl 在多孔氧化铝基板上凝结成微球，这证实了该反应的反应热可以作为纳米级热源。同时表明了多孔氧化铝模板上的活性 Al/Ni 纳米棒可以作为流入和/或流出阳极氧化铝膜和纳米管的热致动阀装置，例如用于靶向送药。

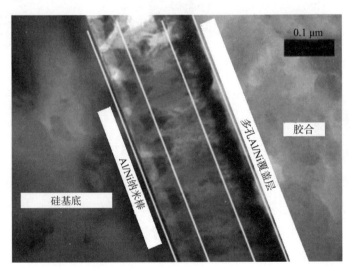

图 6.2　通过持续蒸发 30 nm Al 和 30 nm Ni 在多孔氧化铝模板孔内形成纳米棒的 TEM 图像，图中可看到多孔 Al/Ni 覆盖层［KOK 09］（版权 2009，爱思唯尔出版集团）

通过反应抑制球磨实验制备的 Al/氧化物纳米铝热剂也已经被应用在焊接中。例如由 14Al/3CuO/Ni 制备得到的点火温度较低的致密粉末已经用于焊接铝合金，焊接处的厚度约为 750 μm，可承受的平均剪切强度可达 27 MPa。

6.2 微点火芯片

纳米含能材料在 MEMS 器件内产生热量和机械功的相关应用研究也取得了进展，这催生了芯片纳米含能材料和含能微机电系统等术语。含能微机电系统最早由 LAAS-CNRS 在 1995 年提出，最初的概念是将复合固体推进剂作为大功率微型电源集成到硅基器件上，为局部驱动和微型驱动器提供热量或压力脉冲［ROS 98b］。不同种类的微型推进器示意图和照片如图 6.3 所示。

图 6.3　微型推进器示意图和照片（1 cm×1 cm）

除了反应材料本身以外，主要的技术难题在于收集活性薄层材料反应产生的热量和气体。因为该材料在 MEMS 器件的实际应用中需要点火，所以通常称为微点火芯片［ROS 07，CHU 10a，ZHA 08，QIU 12，TAT 13，CHU 10b，MOR 12，APP 06］。

微点火芯片可以用到许多民用和军事领域中，例如安全气囊的触发、推进系统、导弹和火箭中的安保装置、武器系统，等等。传统上，该芯片由金属热线或桥线构成，金属热线或桥线通常埋在炸药中，与高活性材料相接触。当电流流过热线或桥线时会释放热量，使温度达到活性材料的点火温度。第一个硅基含能微机电系统由电热电阻构成，该类型的电热电阻由重掺磷型多晶硅材料制成，具有优良的电性能和力学性能，但是这种微电热加热器功率消耗较高。为了提高微加热器的性能，并降低点火功率和能量消耗,将多晶硅电阻沉积在几微米厚的 SiO_2/SiN_x 介电膜上(图6.4),但是该电阻并不能用在恶劣环境中 [ROS 98a,ROS 99]。同时还研究了支撑电阻的玻璃基板,该基板具有材质坚固和易于制造等优点。

图6.4 由沉积在薄介电膜上的多晶硅电阻构成的第一代微点火器

然而,玻璃基板类型的点火器(图6.5)提供的发火能量通常较高(高于数微焦至数毫焦的最佳范围),而且响应时间较长(点火时间 <100 μs 时不可使用)。

图6.5 由沉积在玻璃晶片上的金属电阻组成的第二代微点火器

尽管优化了加热器,集成在玻璃基片上的 Al/CuO 纳米铝热剂仍需要 700 μJ 的点火能量[ZHA 08]。Tanaka 等报道了沉积在厚硅膜上的

B/Ti 活性点火器［TAN 08］。与电阻加热点火器相比，B/Ti 多层活性点火器的优点在于，响应时间较短（远低于毫秒），因此需要的点火能量较低。但由于响应太快，似乎不是引燃推进剂的最佳方案。最近，Staley 等研究了硅桥丝技术，该技术在点火时间为 2 μs、点火能量为 30~80 μJ 的高输入功率状态下点火成功率为 100%［STA 11d］。

最近，Taton 等报道了可用于安防系统的活性聚合物电热加热器（图 6.6），该加热器集成有 Al/CuO 多层箔［TAT 13］。为了使反应层与基材绝缘，将该活性 Al/CuO 多层箔集成在 100 μm 厚的聚环氧化物/聚对苯二甲酸乙二醇酯（PET）膜上，当电流通过时，Al/CuO 发生反应，产生火花和气体。在响应时间为 2~260 μs、触发电流为 0.25~4 A、点火能量为 80~244 μJ 的操作条件内，Al/CuO 型微触发器能够百分百成功点火。这种点火芯片可以直接应用在小型烟火装置中，例如熔断 MEMS 和数字化推进器。

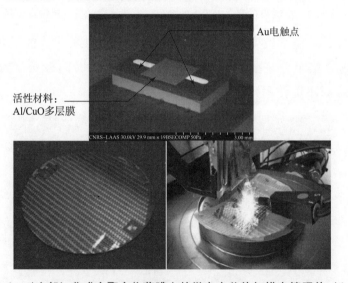

图 6.6　（上部）集成在聚合物薄膜上的微点火芯片扫描电镜照片（1.6 mm × 1.5 mm × 4.5 μm）以及（下部）一个具有数千个单独点火器的 4 英寸①晶片和由 Al/CuO 反应产生的火花（样品与图片均来自 LAAS – CNRS 实验室）

---

① 1 英寸 = 2.54 厘米。

除了用于电阻器和含能材料以外,该微点火芯片可以直接集成到安全气囊、推进系统、安保机构和军械系统中。

6.3 微作动/推进

含能微机电系统产生的压力可以启动微流体阀门、微球,或者加速飞片。正如前面提到的,事实上,高能铝热反应释放的热量会使一些反应产物(如金属)蒸发和氧化,使部分反应中间体产生从几兆帕到几百兆帕的瞬时压力,加压速率在 0.1~6 MPa/μs 范围内,这取决于纳米铝热剂的类型和环境条件。实际上,可以根据实际应用情况调节氧化剂类型、压实情况和热环境参数等,得到预期的压力值和加压速率。

本书将作动器分成三种不同的类型:高能作动器、低能作动器和微推冲器。

6.3.1 高能作动器

一些研究考虑了用于加速熔融塑料薄片或金属箔的活性材料[SUL 13,MAR 11,NEL 13,WU 10]在发生反应时的动态压力。在这种情况下,活性材料单位体积释放的能量要足够高,需要达到最大增压速率以及对应的压力峰值。将混有不同氧化剂(如 Bi_2O_3、CuO、MoO_3 和聚四氟乙烯(PTFE))的纳米铝颗粒制备成纳米铝热剂装入体积为 0.009~1 cm^3 的小管腔中,研究不同种类铝热剂的燃烧速率和超压产生过程。研究结果显示,对于 0.1 g 反应物,报道的压力与体积乘积值最大为 33 Pa·m^3。

6.3.2 快速脉冲纳米铝热剂型推进器

基于 Al/CuO 纳米铝热剂的活性材料也可用于微推冲器中。使用传统加工工艺来制造纳米铝热剂型推进器:通常钻出不锈钢螺栓,内径约为 1.59 mm。采用拉瓦尔喷管测试不同燃烧室的长度(3.5 mm、6 mm

和 8.5 mm),推进器的设计示意图如图 6.7 所示。推进器电机快速运行状态下的高速摄影照片如图 6.8 所示。

图 6.7　推进器喷嘴示意图(以 mm 为单位)[APP 09](版权 2009,美国航空航天学会)

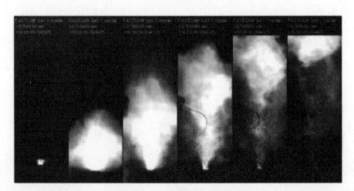

图 6.8　推进器电机快速运行状态下的高速摄影照片(未安装喷嘴)[APP 09](版权 2009,美国航空航天学会)

将不同量(9~38 mg)的纳米铝热剂在(20%~80%)TMD 范围内进行压制,然后装到燃烧室中。随着压实压力的变化,发现材料显示出两种不同的脉冲特性。压实密度较低时,燃烧较快,推力约为 75 N,持续时间小于 50 μs;压实密度较高时,燃烧相对缓慢,推力为 3~5 N,持续时间为 1.5~3.0 ms。两种压实密度材料产生的比冲为 20~25 s。

在 21 世纪,Rossi 等提出了基于 MEMS 的推进器和火箭。该类型的推进器由三个微型硅基片(分别为喷嘴、点火器和推进剂室)构成,这三个微型硅基片组成一个三明治结构,如图 6.9 所示。

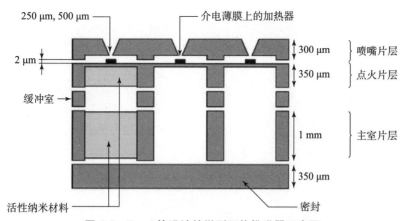

图 6.9 Rossi 等设计的微型固体推进器示意图

将纳米含能材料（此处指复合推进剂）装载到微腔中，示意图如图 6.10 所示。组装完全的微推进器芯片如图 6.11 所示。推进时产生的火花如图 6.12 所示。

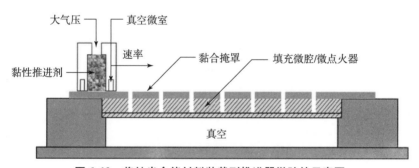

图 6.10 将纳米含能材料装载到推进器微腔的示意图

图 6.11 组装完全的微推进器芯片 [ROS 02]

图 6.12　推进时产生的火花

固体推进剂燃烧产生的推力范围为 1 mN 至几毫牛，比冲取决于拉瓦尔喷管形状以及喉部与腔室的截面面积比，比冲范围为 30~50 s。可根据实际需求来调整推冲器的几何形状和尺寸，从而获得适宜的推进剂推力比冲。这些安装有微尺度推冲器的微型火箭可用于控制微型卫星的位置和姿态。

6.3.3　低能作动器

2009 年 Ardila–Rodriguez 等设计开发了一种低压微型作动器，并将该推进器用于一次性含能芯片。此作动器由可膨胀的聚二甲基硅氧烷（PDMS）弹性膜组成，通过沉积在硅制微结构平台上的小块活性材料分解来实现推进［ROD 09］。该推进器包含一个加热平台，该平台由 SiO_2/SiN_x 电介质薄膜上的多晶硅电阻构成。将少量的双金属（Mn/Co）活性粉末喷在加热平台上，然后用 PDMS 薄膜密封［SUN 09］。当需要推进时，含能混合物被加热至 220 ℃，反应并产生由 N_2、H_2O 和 O_2 组成的生物相容性气体，引起 PDMS 薄膜的膨胀。图 6.13 给出了可反应作动器设计与结构的三维和二维示意图。

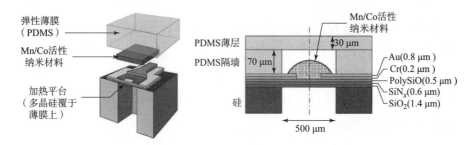

图 6.13 微作动器结构的三维剖面图和作动器的功能原理示意图

图 6.14 所示为示意图,描述了将微型作动平台集成到喷射流体微通道中。图 6.15 给出了实物照片。

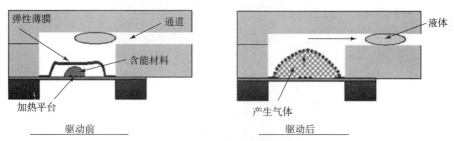

图 6.14 微作动器及尺度特征示意图

(a)

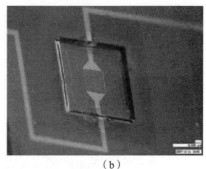
(b)

图 6.15 微作动器照片

(a) 两个作动器放大图;(b) 单个作动器放大图

当施加 90 mW(6.5 V,13.9 mA)初始功率时,该作动器能够产生 13 kPa 的压力和 46 μm 的膜变形量,这使得其可以很好地用于微流体,特别是用于排出微通道中的流体。

2012年美国装备研究实验室提出了一种类似结构的微流体作动器，名为微流喷射注射器，如图6.16所示。该注射器选择Al/CuO纳米铝热剂作为反应材料，采用PDMS膜通过流体传递压力。如图6.17和图6.18所示，注射器包含4个单独的Si晶片。实验证实了电阻加热器能够控制和重复点火，但并没透露填充活性纳米材料的操作细节以及活性纳米材料的喷射情况。

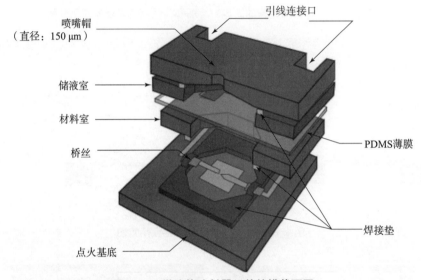

图6.16 微流体注射器组件的横截面图

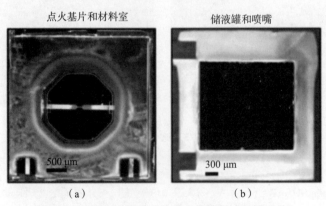

图6.17 两段组装得到的微流体喷射注射器组件
(a) 与材料室连接的点火基片；(b) 与喷嘴连接的流体储存器

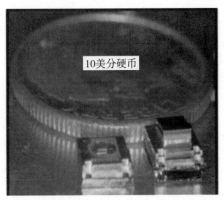

图 6.18　组装好的微流体喷射注射器：无喷嘴（左），有喷嘴（右）

6.4　材料加工以及其他领域

在材料加工方面，首先探索了纳米含能金属材料的合成和加工。之前已经提到，Al 和 Fe_2O_3 的铝热反应放出的热量能够使 Fe 熔融，因而被用于轨道焊接。纳米含能材料技术领域的蓬勃发展会进一步激发铝热剂的应用推广，其中中间产物的合成和非晶硅的结晶是两个典型的应用实例。利用金属多层箔材料的自蔓延反应合成金属间化合物类似于上述的反应性焊接，可以根据所施加的加热速率使用热爆炸或热处理模型来解释此反应机理。多晶硅有可能被用于制造太阳能电池和薄膜晶体管。含有活性纳米材料的非晶硅更利于局部加热和快速加工，并且适于大量生产。

活性材料芯片发电技术已经多次获得专利，其基本组件是微启动芯片，其上沉积了 Al 基活性材料的薄层，如图 6.6 所示 [SHU 11]。发电时，活性纳米材料被点燃，换能器从其燃烧中接收热、声、磁、光和/或机械能并将其转换成电能。换能器最好选用热电、压电或磁电装置，将多个换能器集成在一个发电器中，可以实现铝热剂能量的最大化。

7
结论

在过去的20年里，有关活性纳米材料的合成、表征和工程化的研究非常活跃，主要包括金属、双金属以及金属与多种氧化剂的混合物等。铝基纳米含能材料如纳米铝热剂的发展消除了传统微米级金属/氧化剂混合粉末燃烧速率低和点火延迟时间长等缺点。

纳米铝含能材料的优良性能引起了研究者的广泛关注，因为它们在能量密度、绝热火焰温度和反应速率等方面具有很强的优势。相关的应用研究也在积极开展，已经涉及多个领域，例如作为推进剂、炸药和烟火药中的添加剂，最新发现还可用于微点火、机械和流体作动器、材料加工和发电，等等。

本书介绍了几种纳米含能材料的合成方法，包括粉末混合、溶胶-凝胶、自组装、气相沉积和反应抑制研磨等方法。不同的制备方法可以获得具有不同密度、粒度、表面形态和界面结构、厚度等特性的纳米含能材料，其中密度的差异会导致点火和燃烧机理以及总体能量性能的不同。

正如书中所讲到的，虽然进行了大量的相关实验，但是纳米含能材料的点火和燃烧机理表征仍是半定量的，组分尺寸及结合紧密性的差异是影响这类材料点火和燃烧过程的主要因素：

（1）粒度减小通常会增加燃烧速率，降低点火温度和能量。

（2）孔隙率越大，燃烧速率越大，这种趋势与微米级材料正好相反。

（3）燃烧速率也是化学计量比和装药密度的函数，并且具有不同的传播模式（对流到传导）。纳米铝热剂不会发生爆轰。

目前迫切需要解决的问题是所有提交的实验数据和结果都应该是可比较的，也就是说不同制备技术得到的实验结果和数据能够相互比较。

过去的十年中，材料表征技术飞速发展，如高分辨率透射电镜和纳米量热技术的开发，为纳米含能材料领域的进步以及反应机理的深入研究提供了至关重要的技术条件。未来材料表征技术的进步仍旧具有举足轻重的作用，它会进一步推动人们对纳米含能材料性质及原子水平上反应机理的研究，尤其是揭示界面层（金属和氧化剂之间的层）在反应过程中的作用机理。通篇阅读本书，我们可以看出，对材料形态、混合均匀性的定量精准表征以及材料界面的控制是非常困难，甚至是无法实现的。

例如，反应抑制球磨法（ARM）制备的致密纳米铝热剂具有厚度约 0.5 nm 的钝化层，比纳米混合粉末中发现的天然氧化物钝化层小得多，比气相沉积薄膜中自然形成的界面层也要小得多。因此，与其他纳米铝热剂相比，ARM 制备纳米铝热剂界面层的独特形态是导致其在较低温度下开始发生放热反应的原因。

在未来，需要研究新的实验方法来获得特定纳米含能材料，需要开发先进的材料表征设备，我们期待原位表征方法的广泛使用会推动这一进程。

活性多层纳米材料或 ARM 制备的致密材料中最重要且最缺乏认知的过程均发生在反应界面处，它决定着在整个材料的点火过程及其在低温（点火温度之前）环境中的稳定性。因此，界面层（也称为阻挡层）的原子扩散，以及在界面层发生的任何现象（裂纹、形变等）对于理解点火和老化机理都是至关重要的。此外，界面层占据了纳米含能材料总体积的很大一部分，因此对整体材料性质影响显著。

反应活性界面层可以简单如无定形氧化铝薄层，也可以是复杂的多层结构，包含了一些混杂在一起的原子，如金属单质、氧化物、低价氧化物和合金。它们的形态可以像活性多层箔中的平面一样简单，也可以比一些纳米铝热剂的三维表面更加复杂。

目前重要的是了解这些界面层的形成机理，材料合成过程对界面层产生怎样的影响，如何评估不同环境条件下界面层的演化，升高温度时界面层的变化以及多相反应如何在低温下引发界面层反应从而最终点燃活性纳米材料。

这就需要结合实验和理论来解决这些问题，特别是开发更复杂的模型来准确地预测界面层的形成、结构和性质，理论预测对于深入解析活性纳米材料反应机理是非常重要的。

最后，对活性纳米材料的点火和燃烧模拟也需要实质性的进展，希望不同研究组的燃烧模型能够变得协调一致，进而增强模型预测结果的可靠性。

8
参 考 文 献

[ADA 06] ADAMS D. P. et al., "Self – propagating, high – temperature combustion synthesis of rhombohedral AlPt thin films", *Journal of Materials Research*, vol. 21, no. 12, pp. 3168 – 3179, 2006.

[ADA 15] ADAMS D. P., "Reactive multilayers fabricated by vapor deposition: A critical review", *Thin Solid Films*, vol. 576, pp. 98 – 128, 2015.

[AND 13] ANDRE B. et al., "High – energy ball milling to enhance the reactivity of aluminum nanopowders", *Materials Letters*, vol. 110, pp. 108 – 110, 2013.

[APP 06] APPERSON S. et al., "On – chip initiation and burn rate measurements of thermite energetic reactions", *Multifunctional Energetic Materials*, vol. 896, pp. 81 – 86, 2006.

[APP 07] APPERSON S. et al., "Generation of fast propagating combustion and shock waves with copper oxide/aluminum nanothermite composites", *Applied Physics Letters*, vol. 91, no. 24, 2007.

[APP 09] APPERSON S. et al., "Characterization of nanothermite material for solid – fuel microthruster applications", *Journal of Propulsion and Power*, vol. 25, no. 5, pp. 1086 – 1091, 2009.

[ARM 03a] ARMSTRONG R. W. et al., "Enhanced propellant combustion with nanoparticles", *Nano Letters*, vol. 3, no. 2, pp. 253 – 255, 2003.

[ARM 03b] ARMSTRONG R. W., THADHANI N., WILSON W. et al. (eds), "Synthesis, Characterization, and Properties of Energetic Reactive Materials", *Materials Research Society*, 2003.

[AUM 95] AUMANN C. E., SKOFRONICK G. L., Martin J. A., "Oxidation behavior of aluminum nanopowders", *Journal of Vacuum Science & Technology B*, vol. 13, no. 3, pp. 1178–1183, 1995.

[BAC 13] BACCIOCHINI A. et al., "Reactive structural materials consolidated by cold spray: Al – CuO thermite", *Surface & Coatings Technology*, vol. 226, pp. 60–67, 2013.

[BAD 08] BADGUJAR D. M. et al., "Advances in science and technology of modern energetic materials: an overview", *Journal of Hazardous Materials*, vol. 151, nos. 2–3, pp. 289–305, 2008.

[BAE 10] BAE J. H. et al., "Crystallization of amorphous Si thin films by the reaction of MoO_3/Al nanoengineered thermite", *Thin Solid Films*, vol. 518, no. 22, pp. 6205–6209, 2010.

[BAH 14] BAHRAMI M., TATON G., CONÉDÉRA V. et al., "Magnetron sputtered Al – CuO nanolaminates: effect of stoichiometry and layers thickness on energy release and burning rate", *Propellants, Explosives, Pyrotechnics*, vol. 39, no. 3, pp. 365–373, 2014.

[BAR 96] BARBEE T. W., WEIHS T., Ignitable heterogeneous stratified structure for the propagation of an internal exothermic chemical reaction along an expanding wavefront and method of making the same, US Patent no. 5538795, 23 July 1996.

[BAR 97] BARMAK K., MICHAELSEN C., LUCADAMO G., "Reactive phase formation in sputter – deposited Ni/Al multilayer thin films", *Journal of Materials Research*, vol. 12, no. 1, pp. 133–146, 1997.

[BAR 11] BARAS F., POLITANO O., "Molecular dynamics simulations of nanometric metallic multilayers: reactivity of the Ni – Al system", *Physical Review B*, vol. 84, no. 2, 2011.

8 参考文献

[BAT 99] BATTEZZATI L. et al., "Solid state reactions in Al Ni alternate foils induced by cold rolling and annealing", *Acta Materialia*, vol. 47, no. 6, pp. 1901–1914, 1999.

[BAZ 06] BAZYN T., KRIER H., GLUMAC N., "Combustion of nano-aluminum at elevated pressure and temperature behind reflected shock waves", *Combustion and Flame*, vol. 145, no. 4, pp. 703–713, 2006.

[BAZ 07] BAZYN T., KRIER H., GLUMAC N., "Evidence for the transition from the diffusion–limit in aluminum particle combustion", *Proceedings of the Combustion Institute*, vol. 31, pp. 2021–2028, 2007.

[BEC 11] BECKER C. R. et al., "Galvanic porous silicon composites for high–velocity nanoenergetics", *Nano Letters*, vol. 11, no. 2, pp. 803–807, 2011.

[BEG 07] BEGLEY S. M., BREWSTER M. Q., "Radiative properties of MoO_3 and Al nanopowders from light–scattering measurements", *Journal of Heat Transfer–Transactions of the ASME*, vol. 129, no. 5, pp. 624–633, 2007.

[BEL 09] BELONI E., DREIZIN E. L., "Experimental study of ignition of magnesium powder by electrostatic discharge", *Combustion and Flame*, vol. 156, no. 7, pp. 1386–1395, 2009.

[BEL 10] BELONI E., DREIZIN E. L., "Ignition of aluminum powders by electro–static discharge", *Combustion and Flame*, vol. 157, no. 7, pp. 1346–1355, 2010.

[BEN 03] BENKA O., STEINBATZ M., "Oxidation of aluminum studied by secondary electron emission", *Surface Science*, vol. 525, nos. 1–3, pp. 207–214, 2003.

[BES 02] BESNOIN E. et al., "Effect of reactant and product melting on self–propagating reactions in multilayer foils", *Journal of Applied Physics*, vol. 92, no. 9, pp. 5474–5481, 2002.

[BLO 03] BLOBAUM K. J. et al., "Al/Ni formation reactions: characterization of the metastable Al9Ni2 phase and analysis of its formation", *Acta*

Materialia, vol. 51, no. 13, pp. 3871 – 3884, 2003.

[BOC 05] BOCKMON B. S. et al., "Combustion velocities and propagation mechanisms of metastable interstitial composites", *Journal of Applied Physics*, vol. 98, no. 6, 2005.

[BOE 10] BOETTGE B. et al., "Fabrication and characterization of reactive nanoscale multilayer systems for low – temperature bonding in microsystem technology", *Journal of Micromechanics and Microengineering*, vol. 20, no. 6, pp. 1 – 8, 2010.

[BOI 02] BOIKO V. M., POPLAVSKI S. V., "Self – ignition and ignition of aluminum powders in shock waves", *Shock Waves*, vol. 11, no. 4, pp. 289 – 295, 2002.

[BRA 12a] BRAEUER J. et al., "A novel technique for MEMS packaging: reactive bonding with integrated material systems", *Sensors and Actuators A – Physical*, vol. 188, pp. 212 – 219, 2012.

[BRA 12b] BRAEUER J. et al., "Integrated nano scale multilayer systems for reactive bonding in microsystems technology", *Proceedings of the 4th Electronic System – Integration Technology Conference (ESTC)*, 2012.

[BRA 12c] BRAEUER J. et al., "Investigation of different nano scale energetic material systems for reactive wafer bonding", *Semiconductor Wafer Bonding 12: Science, Technology, and Applications*, vol. 50, no. 7, pp. 241 – 251, 2012.

[BRE 08] BRECHIGNAC C., HOUDY P., LAHMANI M., *Nanomaterials and Nanochemistry*, Springer – Verlag, Berlin, Heidelberg, 2008.

[BRO 95] BROOKS K. P., BECKSTEAD M. W., "Dynamics of aluminum combustion", *Journal of Propulsion and Power*, vol. 11, no. 4, pp. 769 – 780, 1995.

[BRU 92] BRUNE H. et al., "Surface migration of hot adatoms in the course of dissociative chemisorption of oxygen on Al(111)", *Physical Review Letters*, vol. 68, no. 5, pp. 624 – 626, 1992.

8 参考文献

[BRU 93] BRUNE H. et al., "Interaction of oxygen with Al(111) studied by scanning - tunneling - microscopy", *Journal of Chemical Physics*, vol. 99, no. 3, pp. 2128 - 2148, 1993.

[CAM 99] CAMPBELL T. et al., "Dynamics of oxidation of aluminum nanoclusters using variable charge molecular - dynamics simulations on parallel computers", *Physical Review Letters*, vol. 82, no. 24, pp. 4866 - 4869, 1999.

[CHA 06] CHAMPION Y., "Evaporation and condensation for metallic nanopowders", *Annales de Chimie - Science des Matériaux*, vol. 31, no. 3, pp. 281 - 294, 2006.

[CHE 10] CHENG J. L. et al., "Kinetic study of thermal - and impact - initiated reactions in Al - Fe_2O_3 nanothermite", *Combustion and Flame*, vol. 157, no. 12, pp. 2241 - 2249, 2010.

[CHI 97a] CHIAVERINI M. J., KUO K. K., PERETZ A. et al., "Heat flux and internal ballistic characterization of a hybrid rocket motor analog", *AIAA Paper* 97 - 3080, July 1997.

[CHI 97b] CHIAVERINI M. J., SERIN N., JOHNSON D. K. et al., "Instantaneous regression behavior or HTPB solid fuels burning with 60x in a simulated hybrid motor", in KUO K. K. et al. (eds), *Challenges in Propellants and Combustion: 100 Years After Nobel*, Begell House, New York, pp. 719 - 733, 1997.

[CHO 10] CHOWDHURY S. et al., "Diffusive vs explosive reaction at the nanoscale", *Journal of Physical Chemistry C*, vol. 114, no. 20, pp. 9191 - 9195, 2010.

[CHU 10a] CHURAMAN W. A., CURRANO L., BECKER C., "Initiation and reaction tuning of nanoporous energetic silicon", *Journal of Physics and Chemistry of Solids*, vol. 71, no. 2, pp. 69 - 74, 2010.

[CHU 10b] CHURAMAN W. A. et al., "Optical initiation of nanoporous energetic silicon for safing and arming technologies", *Proceedings of the*

Optical Technologies for Arming, Safing, Fuzing, and Firing Ⅵ, vol. 7795, 2010.

[CHU 12] CHURAMAN W. A. et al., "The first launch of an autonomous thrust-driven microrobot using nanoporous energetic silicon", *Journal of Microelectromechanical Systems*, vol. 21, no. 1, pp. 198-205, 2012.

[CIA 04] CIACCHI L. C., PAYNE M. C., "'Hot-atom' O-2 dissociation and oxide nucleation on Al(111)", *Physical Review Letters*, vol. 92, no. 17, 2004.

[CLA 10] CLARK B. R., PANTOYA M. L., "The aluminium and iodine pentoxide reaction for the destruction of spore forming bacteria", *Physical Chemistry Chemical Physics*, vol. 12, no. 39, pp. 12653-12657, 2010.

[CLE 90] CLEVENGER L. A., THOMPSON C. V., TU K. N., "Explosive silicidation in nickel amorphous-silicon multilayer thin-films", *Journal of Applied Physics*, vol. 67, no. 6, pp. 2894-2898, 1990.

[COA 07] COACH: COMPUTER AIDED CHEMISTRY, Saint Martin d'Hères, France: Thermodata, available at: http://thermodata.online.fr/coachang.html, 2007.

[CUR 09] CURRANO L. J., CHURAMAN W. A., "Energetic nanoporous silicon devices", *Journal of Microelectromechanical Systems*, vol. 18, no. 4, pp. 799-807, 2009.

[DEA 13] DEAN S. W. et al., "Energetic intermetallic materials formed by cold spray", *Intermetallics*, vol. 43, pp. 121-130, 2013.

[DIM 89] DIMITRIOU P. et al., "Laser-induced ignition in solid-state combustion", *Aiche Journal*, vol. 35, no. 7, pp. 1085-1096, 1989.

[DLO 06] DLOTT D. D., "Thinking big (and small) about energetic materials", *Materials Science and Technology*, vol. 22, no. 4, pp. 463-473, 2006.

[DOL 89] DOLINSKII Y. L., YAVOROVSKII N. A., "Effect of current on phase-transition in exploding wires", *Zhurnal Tekhnicheskoi Fiziki*, vol.

59, no. 8, pp. 169 – 171, 1989.

[DRE 07] DREIZIN E. L. et al., "Reactive nanocomposite materials produced by arrested reactive milling", *Theory and Practice of Energetic Materials*, vol. 7, pp. 3 – 14, 2007.

[DRE 09] DREIZIN E. L., "Metal – based reactive nanomaterials", *Progress in Energy and Combustion Science*, vol. 35, no. 2, pp. 141 – 167, 2009.

[DUB 07] DUBOIS C. et al., "Polymer – grafted metal nanoparticles for fuel applications", *Journal of Propulsion and Power*, vol. 23, no. 4, pp. 651 – 658, 2007.

[DUC 04] DUCKHAM A. et al., "Reactive nanostructured foil used as a heat source for joining titanium", *Journal of Applied Physics*, vol. 96, no. 4, pp. 2336 – 2342, 2004.

[DUP 07] DU PLESSIS M., "Properties of porous silicon nano – explosive devices", *Sensors and Actuators A – Physical*, vol. 135, no. 2, pp. 666 – 674, 2007.

[DUP 11] DUPIANO P., STAMATIS D., DREIZIN E. L., "Hydrogen production by reacting water with mechanically milled composite aluminum – metal oxide powders", *International Journal of Hydrogen Energy*, vol. 36, no. 8, pp. 4781 – 4791, 2011.

[DUT 09] DUTRO G. M. et al., "The effect of stoichiometry on the combustion behavior of a nanoscale Al/MoO(3) thermite", *Proceedings of the Combustion Institute*, vol. 32, pp. 1921 – 1928, 2009.

[DYE 94] DYER T. S., MUNIR Z. A., RUTH V., "The combustion synthesis of multilayer Nial systems", *Scripta Metallurgica et Materialia*, vol. 30, no. 10, pp. 1281 – 1286, 1994.

[ECK 93] ECKERT J. et al., "Melting behavior of nanocrystalline aluminum powders", *Nanostructured Materials*, vol. 2, no. 4, pp. 407 – 413, 1993.

[EDE 94] EDELSTEIN A. S. et al., "Intermetallic phase – formation during annealing of Al/Ni multilayers", *Journal of Applied Physics*, vol. 76, no. 12, pp. 7850 – 7859, 1994.

[EIS 04] EISENREICH N. et al., "On the mechanism of low temperature oxidation for aluminum particles down to the nano – scale", *Propellants Explosives Pyrotechnics*, vol. 29, no. 3, pp. 137 – 145, 2004.

[ELL 03] ELLISON R. T. H., MOSER M., 39*th AIAA/ASME/SAE/ASEE Joint Propulsion Conference and Exhibit*, Huntville, AL, AIAA 2003 – 4498, 2003.

[FAD 10] FADENBERGER K. et al., "In situ observation of rapid reactions in nanoscale Ni – Al multilayer foils using synchrotron radiation", *Applied Physics Letters*, vol. 97, no. 14, 2010.

[FAN 07] FAN M. Q., XU F., SUN L. X., "Studies on hydrogen generation characteristics of hydrolysis of the ball milling Al – based materials in pure water", *International Journal of Hydrogen Energy*, vol. 32, no. 14, pp. 2809 – 2815, 2007.

[FED 03] FEDOROV A. V., KHARLAMOVA Y. V., "Ignition of an aluminum particle", *Combustion Explosion and Shock Waves*, vol. 39, no. 5, pp. 544 – 547, 2003.

[FIS 98] FISCHER S. H., GRUBELICH M. C., "Theoretical energy release of thermites, intermetallics, combustible metals", *Proceedings of the 24th International Pyrotechnics Seminar*, Monterey, CA, pp. 1 – 6, July 1998.

[FOL 05] FOLEY T., JOHNSON C. E., HIGA K. T., "Inhibition of oxide formation on aluminum nanoparticles by transition metal coating", *Chemistry of Materials*, vol. 17, no. 16, pp. 4086 – 4091, 2005.

[FOL 07] FOLEY T. et al., "Development of nanothermite composites with variable electrostatic discharge ignition thresholds", *Propellants Explosives Pyrotechnics*, vol. 32, no. 6, pp. 431 – 434, 2007.

[GAC 05] GACHON J. C. et al., "On the mechanism of heterogeneous reaction and phase formation in Ti/Al multilayer nanofilms", *Acta Materialia*, vol. 53, no. 4, pp. 1225 – 1231, 2005.

[GAN 11] GANGOPADHYAY S., GANGOPADHYAY K., BEZMELNITSYN A. et al., Shock wave and power generation using on – chip nanoenergetic material, US Patent no. 8066831, 2011.

[GAO 07] GAO Y., Method for preparing nanoscale nickel – coated aluminum powder, Chinese Patent no. 101041180 A 20070926, 2007.

[GAS 01a] GASH A. E. et al., "New sol – gel synthetic route to transition and main – group metal oxide aerogels using inorganic salt precursors", *Journal of Non – Crystalline Solids*, vol. 285, nos. 1 – 3, pp. 22 – 28, 2001.

[GAS 01b] GASH A. E. et al., "Use of epoxides in the sol – gel synthesis of porous iron(III) oxide monoliths from Fe(III) salts", *Chemistry of Materials*, vol. 13, no. 3, pp. 999 – 1007, 2001.

[GAV 00] GAVENS A. J. et al., "Effect of intermixing on self – propagating exothermic reactions in Al/Ni nanolaminate foils", *Journal of Applied Physics*, vol. 87, no. 3, pp. 1255 – 1263, 2000.

[GLA 64] GLASSMAN I., BRZUSTOWSKI T. A., Spectroscopic Investigation of Metal Combustion, Heterogeneous Combustion, Astronautics and Aeronautics Series Academic Press, New York, vol. 15, pp. 41 – 73, 1964.

[GRA 76] GRANQVIST C. G., BUHRMAN R. A., "Ultrafine metal particles", *Journal of Applied Physics*, vol. 47, no. 5, pp. 2200 – 2219, 1976.

[GRA 04] GRANIER J. J., PANTOYA M. L., "Laser ignition of nanocomposite thermites", *Combustion and Flame*, vol. 138, no. 4, pp. 373 – 383, 2004.

[GRI 12] GRINSHPUN S. A. et al., "Inactivation of aerosolized bacillus atrophaeus (BG) endospores and MS2 viruses by combustion of reactive materials", *Environmental Science & Technology*, vol. 46, no. 13, pp. 7334 – 7341, 2012.

[GRO 06a] GROMOV A. A., FORTER – BARTH U., TEIPEL U., "Aluminum nanopowders produced by electrical explosion of wires and passivated by non-inert coatings: characterisation and reactivity with air and water", *Powder Technology*, vol. 164, no. 2, pp. 111-115, 2006.

[GRO 06b] GROMOV A. et al., "Characterization of aluminum powders: II. Aluminum nanopowders passivated by non-inert coatings", *Propellants Explosives Pyrotechnics*, vol. 31, no. 5, pp. 401-409, 2006.

[HAD 10a] HADJIAFXENTI A. et al., "Synthesis of reactive Al/Ni structures by ball milling", *Intermetallics*, vol. 18, no. 11, pp. 2219-2223, 2010.

[HAD 10b] HADJIAFXENTI A. et al., "The influence of structure on thermal behavior of reactive Al-Ni powder mixtures formed by ball milling", *Journal of Alloys and Compounds*, vol. 505, no. 2, pp. 467-471, 2010.

[HEB 04] HEBERT R. J., PEREPEZKO J. H., "Deformation-induced synthesis and structural transformations of metallic multilayers", *Scripta Materialia*, vol. 50, no. 6, pp. 807-812, 2004.

[HEM 13] HEMERYCK A. et al., "Bottom-up modeling of Al/Ni multilayer combustion: effect of intermixing and role of vacancy defects on the ignition process", *Journal of Applied Physics*, vol. 113, no. 20, 2013.

[HG 84] HG B., "Modern Methods of Particle Size Analysis", *Chemical Analysis*, vol. 73, Wiley, New York, 1984.

[HIG 01] HIGA K. T, Johnson C., HOLLINS R. A., Preparation of fine aluminum powders by solution methods, US Patent 6,179,899, 2001.

[HOF 06] HOFMANN A., LAUCHT H., KOVALEV D. et al., Explosive composition and its use, US Patent no. 20,050,072,502 A1, 2006.

[HOS 07] HOSSAIN M. et al., "Crystallization of amorphous silicon by self-propagation of nanoengineered thermites", *Journal of Applied Physics*, vol. 101, no. 5, 2007.

[HUA 07] HUANG Y. et al., "Combustion of bimodal nano/micron-sized aluminum particle dust in air", *Proceedings of the Combustion Institute*, vol. 31, pp. 2001-2009, 2007.

[HUA 09] HUANG Y. et al., "Effect of particle size on combustion of aluminum particle dust in air", *Combustion and Flame*, vol. 156, no. 1, pp. 5 – 13, 2009.

[HUN 04] HUNT E. M., PLANTIER K. B., PANTOYA M. L., "Nano – scale reactants in the self – propagating high – temperature synthesis of nickel aluminide", *Acta Materialia*, vol. 52, no. 11, pp. 3183 – 3191, 2004.

[ING 04] INGENITO A., BRUNO C., "Using aluminum for space propulsion", *Journal of Propulsion and Power*, vol. 20, no. 6, pp. 1056 – 1063, 2004.

[IVA 94] IVANOV V. G. et al., "Combustion of mixtures of ultradisperse aluminum and gel – like water", *Combustion Explosion and Shock Waves*, vol. 30, no. 4, pp. 569 – 570, 1994.

[IVA 00] IVANOV V. G. et al., "Specific features of the reaction between ultrafine aluminum and water in a combustion regime", *Combustion Explosion and Shock Waves*, vol. 36, no. 2, pp. 213 – 219, 2000.

[IVA 03] IVANOV Y. F. et al., "Productions of ultra – fine powders and their use in high energetic compositions", *Propellants Explosives Pyrotechnics*, vol. 28, no. 6, pp. 319 – 333, 2003.

[JAC 95] JACOBSEN J. et al., "Electronic – structure, total energies, and STM images of clean and oxygen – covered Al(111)", *Physical Review B*, vol. 52, no. 20, pp. 14954 – 14962, 1995.

[JAY 98a] JAYARAMAN S. et al., "Modeling self – propagating exothermic reactions in multilayer systems", *Phase Transformations and Systems Driven Far from Equilibrium*, vol. 481, pp. 563 – 568, 1998.

[JAY 98b] JAYARAMAN S. et al., "A numerical study of unsteady self – propagating reactions in multilayer foils", *Proceedings of the 27th Symposium (International) on Combustion*, vol. 1 – 2, pp. 2459 – 2467, 1998.

[JAY 99] JAYARAMAN S. et al., "Numerical predictions of oscillatory combustion in reactive multilayers", *Journal of Applied Physics*, vol. 86, no. 2, pp. 800 – 809,1999.

[JIA 98] JIANG W. H. , YATSUI K. , "Pulsed wire discharge for nanosize powder synthesis", *IEEE Transactions on Plasma Science*, vol. 26, no. 5, pp. 1498 – 1501,1998.

[JOH 07] JOHNSON C. E. et al. , "Characterization of nanometer – to micron – sized aluminum powders: size distribution from thermogravimetric analysis", *Journal of Propulsion and Power*, vol. 23, no. 4, pp. 669 – 682,2007.

[JON 00] JONES D. E. G. et al. , "Thermal characterization of passivated nanometer size aluminium powders", *Journal of Thermal Analysis and Calorimetry*, vol. 61, no. 3, pp. 805 – 818,2000.

[JON 03] JONES D. E. G. et al. , "Hazard characterization of aluminum nanopowder compositions", *Propellants Explosives Pyrotechnics*, vol. 28, no. 3, pp. 120 – 131,2003.

[JOU 05a] JOUET R. J. , WARREN A. D. , MANNION J. D. , "Preparation and passivation of aluminum nanoparticles for energetics applications", *Abstracts of Papers of the American Chemical Society*, vol. 230, pp. U2250 – U2251,2005.

[JOU 05b] JOUET R. J. et al. , "Surface passivation of bare aluminum nanoparticles using perfluoroalkyl carboxylic acids", *Chemistry of Materials*, vol. 17, no. 11, pp. 2987 – 2996,2005.

[JOU 06] JOUET R. J. et al. , "Preparation and reactivity analysis of novel perfluoroalkyl coated aluminium nanocomposites", *Materials Science and Technology*, vol. 22, no. 4, pp. 422 – 429,2006.

[KAP 12] KAPPAGANTULA K. S. et al. , "Tuning energetic material reactivity using surface functionalization of aluminum fuels", *Journal of Physical Chemistry C*, vol. 116, no. 46, pp. 24469 – 24475,2012.

[KIE 01] KIEJNA A. , LUNDQVIST B. I. , "First – principles study of surface and subsurface O structures at Al(111)", *Physical Review B*, vol. 63, no. 8,2001.

[KIE 02] KIEJNA A., LUNDQVIST B. I., "Stability of oxygen adsorption sites and ultrathin aluminum oxide films on Al(111)", *Surface Science*, vol. 504, nos. 1 – 3, pp. 1 – 10, 2002.

[KIM 04] KIM S. H., ZACHARIAH M. R., "Enhancing the rate of energy release from nanoenergetic materials by electrostatically enhanced assembly", *Advanced Materials*, vol. 16, no. 20, pp. 1821 – 1825, 2004.

[KIM 06] KIM H. Y., CHUNG D. S., HONG S. H., "Intermixing criteria for reaction synthesis of Ni/Al multilayered microfolls", *Scripta Materialia*, vol. 54, no. 9, pp. 1715 – 1719, 2006.

[KIM 11] KIM J. S. et al., "Direct characterization of phase transformations and morphologies in moving reaction zones in Al/Ni nanolaminates using dynamic transmission electron microscopy", *Acta Materialia*, vol. 59, no. 9, pp. 3571 – 3580, 2011.

[KLE 05] KLEINER K., Metal: fuels of the future, available at: www.mng.org.uk/gh/renewable_ energy/metal_ NS_ article.htm, 2005.

[KNE 09] KNEPPER R. et al., "Effect of varying bilayer spacing distribution on reaction heat and velocity in reactive Al/Ni multilayers", *Journal of Applied Physics*, vol. 105, no. 8, 2009.

[KOK 09] KOKONOU M. et al., "Reactive bimetallic Al/Ni nanostructures for nanoscale heating applications fabricated using a porous alumina template", *Microelectronic Engineering*, vol. 86, nos. 4 – 6, pp. 836 – 839, 2009.

[KOR 12] KORAMPALLY M. et al., "Transient pressure mediated intranuclear delivery of FITC – Dextran into chicken cardiomyocytes by MEMS – based nanothermite reaction actuator", *Sensors and Actuators B: Chemical*, vol. 171, pp. 1292 – 1296, 2012.

[KOV 01] KOVALEV D. et al., "Strong explosive interaction of hydrogenated porous silicon with oxygen at cryogenic temperatures", *Physical Review Letters*, vol. 87, no. 6, 2001.

[KUB 62] KUBASCHEWSKI O., HOPKINS B. E., Oxidation of Metals and Alloys, Butterworths & Co., London, pp. 319, 1962.

[KUO 93] KUO K. K. et al., "Preignition dynamics of Rdx-based energetic materials under CO2-laser heating", *Combustion and Flame*, vol. 95, no. 4, pp. 351–361, 1993.

[KWO 01] KWON Y. S. et al., "Ultra-fine powder by wire explosion method", *Scripta Materialia*, vol. 44, nos. 8–9, pp. 2247–2251, 2001.

[KWO 03a] KWON Y. S. et al., "Passivation process for superfine aluminum powders obtained by electrical explosion of wires", *Applied Surface Science*, vol. 211, nos. 1–4, pp. 57–67, 2003.

[KWO 03b] KWON Y. S. et al., "The mechanism of combustion of superfine aluminum powders", *Combustion and Flame*, vol. 133, no. 4, pp. 385–391, 2003.

[KWO 05] KWON Y. S., ILYIN A. P., NAZARENKO O. B., "Electric explosion of wires in multicomponent reactionary liquid ambiences as method for producing nanopowder of complex composition", *Proceedings of Korus 2005*, pp. 211–213, 2005.

[KWO 13] KWON J. et al., "Interfacial chemistry in Al/CuO reactive nanomaterial and its role in exothermic reaction", *ACS Applied Materials & Interfaces*, vol. 5, no. 3, pp. 605–613, 2013.

[LAN 12] LANTHONY C. et al., "On the early stage of aluminum oxidation: an extraction mechanism via oxygen cooperation", *Journal of Chemical Physics*, vol. 137, no. 9, 2012.

[LAN 14] LANTHONY C. et al., "Elementary surface chemistry during CuO/Al nanolaminate-thermite synthesis: copper and oxygen deposition on aluminum(111) surfaces", *ACS Applied Materials & Interfaces*, vol. 6, no. 17, pp. 15086–15097, 2014.

[LAR 03] LARANGOT B. et al., "Solid propellant micro thrusters for space application", *Houille Blanche-Revue Internationale De L'Eau*, vol. 5, pp. 111–115, 2003.

[LAW 73] LAW C. K. , WILLIAMS F. A. , "Combustion of magnesium particles in oxygen – inert atmosphere", *Combustion Science and Technology*, vol. 7, no. 5, pp. 197 – 212, 1973.

[LEE 09] LEE C. H. et al. , "Crystallization of amorphous silicon thin films using nanoenergetic intermolecular materials with buffer layers", *Journal of Crystal Growth*, vol. 311, no. 4, pp. 1025 – 1031, 2009.

[LEG 01] LEGRAND B. et al. , "Ignition and combustion of levitated magnesium and aluminum particles in carbon dioxide", *Combustion Science and Technology*, vol. 165, pp. 151 – 174, 2001.

[LEV 99] LEVENSPIEL O. , "Chemical reaction engineering", *Industrial & Engineering Chemistry Research*, vol. 38, no. 11, pp. 4140 – 4143, 1999.

[LEV 07] LEVITAS V. I. et al. , "Mechanochemical mechanism for fast reaction of metastable intermolecular composites based on dispersion of liquid metal", *Journal of Applied Physics*, vol. 101, no. 8, 2007.

[LID 91] LIDE D. R. , Handbook of Chemistry and Physics, 71st ed. , CRC Press, Boca Raton, Florida, 1991.

[MA 90] MA E. et al. , "Self – propagating explosive reactions in Al/Ni multilayer thin – films", *Applied Physics Letters*, vol. 57, no. 12, pp. 1262 – 1264, 1990.

[MAL 08] MALCHI J. Y. et al. , "The effect of added Al(2)O(3) on the propagation behavior of an Al/CuO nanoscale thermite", *Combustion Science and Technology*, vol. 80, no. 7, pp. 1278 – 1294, 2008.

[MAL 09] MALCHI J. Y. , FOLEY T. J. , YETTER R. A. , "Electrostatically self – assembled nanocomposite reactive microspheres", *ACS Applied Materials & Interfaces*, vol. 1, no. 11, pp. 2420 – 2423, 2009.

[MAN 97] MANN A. B. et al. , "Modeling and characterizing the propagation velocity of exothermic reactions in multilayer foils", *Journal of Applied Physics*, vol. 82, no. 3, pp. 1178 – 1188, 1997.

[MAN 10] MANESH N. A. , BASU S. , KUMAR R. , "Experimental

flame speed in multi-layered nano-energetic materials", *Combustion and Flame*, vol. 157, no. 3, pp. 476-480, 2010.

[MAR 06] MARIOTH E., KROEBER H., LOEBBECKE S. et al., "Comparison of nanoparticulate thermite mixtures formed by conventional and supercritical fluid processes", *Proceedings of the 37th International Annual Conference of ICT (Energetic Materials)*, Fraunhofer-Institut fur Chemische Technologie, Karlruhe, 2006.

[MAR 11] MARTIROSYAN K. S., "Nanoenergetic gas-generators: principles and applications", *Journal of Materials Chemistry*, vol. 21, no. 26, pp. 9400-9405, 2011.

[MCC 92] MCCORD P., YAU S. L., BARD A. J., "Chemiluminescence of anodized and etched silicon – evidence for a luminescent siloxene-like layer on porous silicon", *Science*, vol. 257, no. 5066, pp. 68-69, 1992.

[MCD 10] MCDONALD J. P. et al., "Rare-earth transition-metal intermetallic compounds produced via self-propagating, high-temperature synthesis", *Journal of Materials Research*, vol. 25, no. 4, pp. 718-727, 2010.

[MEN 98a] MENCH M. M., YEH C. L., KUO K. K., "Propellant burning rate enhancement and thermal behavior of ultra-fine aluminum powders (Alex)", *Proceedings of the 29th International Annual Conference of ICT*, Karlsruhe, Germany, p. 30/1, 30 June-3 July 1998.

[MEN 98b] MENCH M. M. et al., "Comparison of thermal behavior of regular and ultra-fine aluminum powders (Alex) made from plasma explosion process", *Combustion Science and Technology*, vol. 135, nos. 1-6, pp. 269-292, 1998.

[MEN 04] MENON L. et al., "Ignition studies of Al/Fe_2O_3 energetic nanocomposites", *Applied Physics Letters*, vol. 84, no. 23, pp. 4735-4737, 2004.

[MIK 02] MIKULEC F. V., KIRTLAND J. D., SAILOR M. J., "Explosive nanocrystalline porous silicon and its use in atomic emission spectroscopy", *Advanced Materials*, vol. 14, no. 1, pp. 38 – 41, 2002.

[MOO 04] MOORE D. S., SON S. E., ASAY B. W., "Time – resolved spectral emission of deflagrating nano – Al and nano – MoO(3) metastable interstitial composites", *Propellants Explosives Pyrotechnics*, vol. 29, no. 2, pp. 106 – 111, 2004.

[MOO 07] MOORE K., PANTOYA M. L., SON S. F., "Combustion behaviors resulting from bimodal aluminum size distributions in thermites", *Journal of Propulsion and Power*, vol. 23, no. 1, pp. 181 – 185, 2007.

[MOR 01] MORDOSKY J. W. et al., "Utilization of nano – sized aluminum particles in RP – 1 gel propellants for spray combustion in a rocket engine", *Abstracts of Papers of the American Chemical Society*, vol. 221, pp. U609 – U609, 2001.

[MOR 10] MORRIS C. J. et al., "Rapid initiation of reactions in Al/Ni multilayers with nanoscale layering", *Journal of Physics and Chemistry of Solids*, vol. 71, no. 2, pp. 84 – 89, 2010.

[MOR 11] MORRIS C. J. et al., "Streak spectrograph temperature analysis from electrically exploded Ni/Al nanolaminates", *Thin Solid Films*, vol. 520, no. 5, pp. 1645 – 1650, 2011.

[MOR 12] MORRIS C. J. et al., "Initiation of nanoporous energetic silicon by optically – triggered, residual stress powered microactuators", *Proceedings of the IEEE 25th International Conference on Micro Electro Mechanical Systems (MEMS)*, 2012.

[MOR 13] MORRIS C. J., WILKINS P. R., MAY C. M., "Streak spectroscopy and velocimetry of electrically exploded Ni/Al laminates", *Journal of Applied Physics*, vol. 113, no. 4, 2013.

[MOT 12] MOTLAGH E. B., KHAKI J. V., SABZEVAR M. H., "Welding of aluminum alloys through thermite like reactions in Al – CuO – Ni system", *Materials Chemistry and Physics*, vol. 133, nos. 2 – 3, pp. 757 – 763, 2012.

[NAK 98] NAKAGAWA Y. et al. ,"Synthesis of TiO_2 and TiN nanosize powders by intense light ion – beam evaporation", *Journal of Materials Science*, vol. 33, no. 2, pp. 529 – 533, 1998.

[NEL 13] NELLUMS R. R. et al. ,"Effect of solids loading on resonant mixed Al – Bi_2O_3 nanothermite powders", *Propellants Explosives Pyrotechnics*, vol. 38, no. 5, pp. 605 – 610, 2013.

[OHK 11] OHKURA Y. et al. ,"Synthesis and ignition of energetic CuO/Al core/shell nanowires", *Proceedings of the Combustion Institute*, vol. 33, pp. 1909 – 1915, 2011.

[PAL 96] PALASZEWSKI B. ,ZAKINI J. ,"Metallized gelled pellants: oxygen/RP – 1/aluminum rocket heat transfer and combustion experiment", *32nd AIAA/ASME/SAE/ASEE Joint Propulsion Conference*, AIAA – 96 – 2622, NASA TM – 107309, Lake Buena Vista, FL, July 1996.

[PAL 98] PALASZEWSKI B. ,IANOVSKI L. S. ,CARRICK P. ,"Propellant technologies: far – reaching benefits for aeronautical and space – vehicle propulsion", *Journal of Propulsion and Power*, vol. 14, no. 5, pp. 641 – 648, 1998.

[PAL 04] PALASZEWSKI B. , J. J. , BREISACHER K. et al. , *40th AIAA/ASME/SAE/ASEE Joint Propulsion Conference*, AIAA – 2004 – 4191, 2004.

[PAN 05] PANTOYA M. L. ,GRANIER J. J. ,"Combustion behavior of highly energetic thermites: nano versus micron composites", *Propellants Explosives Pyrotechnics*, vol. 30, no. 1, pp. 53 – 62, 2005.

[PAN 09a] PANTOYA M. L. ,DEAN S. W. ,"The influence of alumina passivation on nano – Al/Teflon reactions", *Thermochimica Acta*, vol. 493, nos. 1 – 2, pp. 109 – 110, 2009.

[PAN 09b] PANTOYA M. L. ,HUNT E. M. ,"Nanochargers: energetic materials for energy storage", *Applied Physics Letters*, vol. 95, no. 25, 2009.

[PAR 05] PARK K. et al. ,"Size – resolved kinetic measurements of aluminum nanoparticle oxidation with single particle mass spectrometry", *Journal of Physical Chemistry B*, vol. 109, no. 15, pp. 7290 – 7299, 2005.

[PAR 06] PARK K., RAI A., ZACHARIAH M. R., "Characterizing the coating and size – resolved oxidative stability of carbon – coated aluminum nanoparticles by single – particle mass – spectrometry", *Journal of Nanoparticle Research*, vol. 8, nos. 3 – 4, pp. 455 – 464, 2006.

[PAT 12] PATRO L. N., HARIHARAN K., "Mechanical milling: an alternative approach for enhancing the conductivity of SnF_2", *Materials Letters*, vol. 80, pp. 26 – 28, 2012.

[PEC 85] PECORA R. (ed.), Dynamic light Scattering: Applications of Photon Correlation Spectroscopy, Plenum Press, New York, 1985.

[PER 07a] PERRY W. L. et al., "Energy release characteristics of the nanoscale aluminum – tungsten oxide hydrate metastable intermolecular composite", *Journal of Applied Physics*, vol. 101, no. 6, 2007.

[PER 07b] PERUT C., GOLFIECE M., "New solid propellants", *Proceedings of the 7th International Symposium on Special Topics in Chemical Propulsion*, Kyoto, Japan, 17 – 21 September 2007.

[PET 10a] PETRANTONI M. et al., "Synthesis process of nanowired Al/CuO thermite", *Journal of Physics and Chemistry of Solids*, vol. 71, no. 2, pp. 80 – 83, 2010.

[PET 10b] PETRANTONI M. et al., "Multilayered Al/CuO thermite formation by reactive magnetron sputtering: nano versus micro", *Journal of Applied Physics*, vol. 108, no. 8, 2010.

[PIV 04] PIVKINA A. et al., "Nanomaterials for heterogeneous combustion", *Propellants Explosives Pyrotechnics*, vol. 29, no. 1, pp. 39 – 48, 2004.

[PIV 06] PIVKINA A. et al., "Plasma synthesized nano – aluminum powders – structure, thermal properties and combustion behavior", *Journal of Thermal Analysis and Calorimetry*, vol. 86, no. 3, pp. 733 – 738, 2006.

[PLA 05] PLANTIER K. B., PANTOYA M. L., GASH A. E., "Combustion wave speeds of nanocomposite Al/Fe_2O_3: the effects of Fe_2O_3 particle synthesis technique", *Combustion and Flame*, vol. 140, no. 4, pp. 299 – 309, 2005.

[PRA 05] PRAKASH A., MCCORMICK A. V., ZACHARIAH M. R., "Tuning the reactivity of energetic nanoparticles by creation of a core – shell nanostructure", *Nano Letters*, vol. 5, no. 7, pp. 1357 – 1360, 2005.

[PRE 05] PRENTICE D., PANTOYA M. L., CLAPSADDLE B. J., "Effect of nanocomposite synthesis on the combustion performance of a ternary thermite", *Journal of Physical Chemistry B*, vol. 109, no. 43, pp. 20180 – 20185, 2005.

[PUS 06] PUSZYNSKI J. A., BULIAN C. J., SWIATKIEWICZ J. J., "The effect of nanopowder attributes on reaction mechanism and ignition sensitivity of nanothermites", *Multifunctional Energetic Materials*, vol. 896, pp. 147 – 158, 2006.

[PUS 07] PUSZYNSKI J. A., BULIAN C. J., SWIATKIEWICZ J. J., "Processing and ignition characteristics of aluminum – bismuth trioxide nanothermite system", *Journal of Propulsion and Power*, vol. 23, no. 4, pp. 698 – 706, 2007.

[QIU 07] QIU X., WANG J., "Experimental evidence of two – stage formation of Al3Ni in reactive Ni/Al multilayer foils", *Scripta Materialia*, vol. 56, no. 12, pp. 1055 – 1058, 2007.

[QIU 08] QIU X., WANG J., "Bonding silicon wafers with reactive multilayer foils", *Sensors and Actuators A – Physical*, vol. 141, no. 2, pp. 476 – 481, 2008.

[QIU 12] QIU X., et al., "A micro initiator realized by reactive Ni/Al nanolaminates", *Journal of Materials Science – Materials in Electronics*, vol. 23, no. 12, pp. 2140 – 2144, 2012.

[RAB 07] RABINOVICH O. S. et al., "Conditions for combustion synthesis in nanosized Ni/Al films on a substrate", *Physica B: Condensed Mat-*

ter,vol. 392,nos. 1 – 2,pp. 272 – 280,2007.

[RAI 04] RAI A. et al. ,"Importance of phase change of aluminum in oxidation of aluminum nanoparticles", *Journal of Physical Chemistry B*, vol. 108,no. 39,pp. 14793 – 14795,2004.

[RAI 06] RAI A. et al. ,"Understanding the mechanism of aluminium nanoparticle oxidation", *Combustion Theory and Modelling*, vol. 10, no. 5, pp. 843 – 859,2006.

[RAM 05] RAMASWAMY A. L. ,KASTE P. ,"A 'nanovision' of the physiochemical phenomena occurring in nanoparticles of aluminum", *Journal of Energetic Materials*,vol. 23,no. 1,pp. 1 – 25,2005.

[REE 12] REESE D. A. ,SON S. F. ,GROVEN L. J. ,"Preparation and characterization of energetic crystals with nanoparticle inclusions",*Propellants Explosives Pyrotechnics*,vol. 37,no. 6,pp. 635 – 638,2012.

[REI 99] REISS M. E. et al. , "Self – propagating formation reactions in Nb/Si multilayers", *Materials Science and Engineering A – Structural Materials Properties Microstructure and Processing*, vol. 261, nos. 1 – 2, pp. 217 – 222,1999.

[RIS 03a] RISHA G. A. , EVANS B. J. , BOYER E. et al. (eds), "Nanosized aluminum and boron – based solid fuel characterization in hybrid rocket engine",*Paper AIAA 2003 – 4593 39th AIAA/ASME/SAE/ASEE Joint Propulsion Conference and Exhibit*,Huntsville,Alabama,23 July 2003.

[RIS 03b] RISHA G. A. ,EVANS B. J. ,BOYER E. et al. ,*Proceedings of the 39th AIAA/ASME/SAE/ASEE Joint Propulsion Conference and Exhibit*, Huntsville,Alabama,AIAA 2003 – 4593,20 – 23 July 2003.

[RIS 07] RISHA G. A. et al. , "Combustion of nano – aluminum and liquid water", *Proceedings of the Combustion Institute*, vol. 31, pp. 2029 – 2036,2007.

[ROD 09] RODRIGUEZ G. A. A. et al. ,"A microactuator based on the decomposition of an energetic material for disposable lab – on – chip applications: fabrication and test", *Journal of Micromechanics and Microengineering*, vol. 19, no. 1, 2009.

[ROG 08] ROGACHEV A. S., "Exothermic reaction waves in multilayer nanofilms", *Uspekhi Khimii*, vol. 77, no. 1, pp. 22 – 38, 2008.

[ROG 10] ROGACHEV A. S., MUKASYAN A. S., "Combustion of heterogeneous nanostructural systems (review)", *Combustion Explosion and Shock Waves*, vol. 46, no. 3, pp. 243 – 266, 2010.

[ROS 98a] ROSSI C., TEMPLE – BOYER P., ESTEVE D., "Realization and performance of thin SiO_2/SiN_x membrane for microheater applications", *Sensors and Actuators A – Physical*, vol. 64, no. 3, pp. 241 – 245, 1998.

[ROS 98b] ROSSI C. et al., "Realization, characterization of micro pyrotechnic actuators and FEM modelling of the combustion ignition", *Sensors and Actuators A – Physical*, vol. 70, nos. 1 – 2, pp. 141 – 147, 1998.

[ROS 99] ROSSI C., ESTEVE D., MINGUES C., "Pyrotechnic actuator: a new generation of Si integrated actuator", *Sensors and Actuators A – Physical*, vol. 74, nos. 1 – 3, pp. 211 – 215, 1999.

[ROS 02] ROSSI C. et al., "Design, fabrication and modeling of solid propellant microrocket – application to micropropulsion", *Sensors and Actuators A – Physical*, vol. 99, nos. 1 – 2, pp. 125 – 133, 2002.

[ROS 07] ROSSI C. et al., "Nanoenergetic materials for MEMS: a review", *Journal of Microelectromechanical Systems*, vol. 16, no. 4, pp. 919 – 931, 2007.

[ROS 08] ROSSI C., "Nano matériaux énergétiques: perspectives d'intégration dans les microsystèmes", *Nanotechnologies, Revue des Techniques de l'ingénieur*, vol. 5050, p. 21, 10 April 2008.

[ROS 10] ROSSI C., ESTEVE A., VASHISHTA P., "Nanoscale energetic materials", *Journal of Physics and Chemistry of Solids*, vol. 71, no. 2, pp. 57 – 58, 2010.

[ROS 14] ROSSI C., "Two decades of research on nano - energetic materials", *Propellants Explosives Pyrotechnics*, vol. 39, no. 3, pp. 323 - 327, June 2014.

[ROZ 92] ROZENBAND V. I., VAGANOVA N. I., "A strength model of heterogeneous ignition of metal particles", *Combustion and Flame*, vol. 88, no. 1, pp. 113 - 118, 1992.

[RUB 02] RUBERTO C., YOURDSHAHYAN Y., LUNDQVIST B. I., "Stability of a flexible polar ionic crystal surface: metastable alumina and one - dimensional surface metallicity", *Physical Review Letters*, vol. 88, no. 22, 2002.

[RUF 07] RUFINO B. et al., "Influence of particles size on thermal properties of aluminium powder", *Acta Materialia*, vol. 55, no. 8, pp. 2815 - 2827, 2007.

[SAL 10a] SALLOUM M., KNIO O. M., "Simulation of reactive nanolaminates using reduced models: III. Ingredients for a general multidimensional formulation", *Combustion and Flame*, vol. 157, no. 6, pp. 1154 - 1166, 2010.

[SAL 10b] SALLOUM M., KNIO O. M., "Simulation of reactive nanolaminates using reduced models: II. Normal propagation", *Combustion and Flame*, vol. 157, no. 3, pp. 436 - 445, 2010.

[SAL 10c] SALLOUM M., KNIO O. M., "Simulation of reactive nanolaminates using reduced models: I. Basic formulation", *Combustion and Flame*, vol. 157, no. 2, pp. 288 - 295, 2010.

[SAN 07] SANDERS V. E. et al., "Reaction propagation of four nanoscale energetic composites (Al/MoO_3, Al/WO_3, Al/CuO, and Bi_2O_3)", *Journal of Propulsion and Power*, vol. 23, no. 4, pp. 707 - 714, 2007.

[SAR 07] SARATHI R., SINDHU T. K., CHAKRAVARTHY S. R., "Generation of nano aluminium powder through wire explosion process and its characterization", *Materials Characterization*, vol. 58, no. 2, pp. 148 -

155, 2007.

[SCH 05] SCHOENITZ M., WARD T. S., DREIZIN E. L., "Fully dense nano-composite energetic powders prepared by arrested reactive milling", *Proceedings of the Combustion Institute*, vol. 30, pp. 2071–2078, 2005.

[SCH 06] SCHEFFLAN R. et al., "Formation of aluminum nanoparticles upon condensation from vapor phase for energetic applications", *Journal of Energetic Materials*, vol. 24, no. 2, pp. 141–156, 2006.

[SED 08] SEDOI V. S., IVANOV Y. F., "Particles and crystallites under electrical explosion of wires", *Nanotechnology*, vol. 19, no. 14, 2008.

[SEV 12] SEVERAC F. et al., "High-energy Al/CuO nanocomposites obtained by DNA-directed assembly", *Advanced Functional Materials*, vol. 22, no. 2, pp. 323–329, 2012.

[SHA 06] SHAFIROVICH E., DIAKOV V., VARMA A., "Combustion of novel chemical mixtures for hydrogen generation", *Combustion and Flame*, vol. 144, nos. 1–2, pp. 415–418, 2006.

[SIE 01] SIEBER H. et al., "Structural evolution and phase formation in cold-rolled aluminum-nickel multilayers", *Acta Materialia*, vol. 49, no. 7, pp. 1139–1151, 2001.

[SIM 97] SIMPSON R. L. et al., "CL-20 performance exceeds that of HMX and its sensitivity is moderate", *Propellants Explosives Pyrotechnics*, vol. 22, no. 5, pp. 249–255, 1997.

[SIM 99] SIMONENKO V. N., ZARKO V. E., "Comparative studying of the combustion behavior of composite propellant containing ultrafine aluminum", *Proceedings of the 30th International Annual Conference of ICT*, Karlsruhe, Germany, p. 21, 29 June–2 July 1999.

[SIP 08] SIPPEL T. R., SON S. F., RISHA G. A. et al., "Combustion and characterization of nanoscale aluminum and ice propellants", *Proceedings of the 44th AIAA/ASME/SAE/ASEE Joint Propulsion Conference and Exhibit (AIAA 2008)*, vol. 5040, 2008.

[SON 07a] SON S. F., YETTER R. A., YANG V., "Introduction: nanoscale composite energetic materials", *Journal of Propulsion and Power*, vol. 23, no. 4, pp. 643 – 644, 2007.

[SON 07b] Son S. F. et al., "Combustion of nanoscale Al/MoO_3 thermite in microchannels", *Journal of Propulsion and Power*, vol. 23, no. 4, pp. 715 – 721, 2007.

[STA 10] STAMATIS D. et al., "Aluminum burn rate modifiers based on reactive nanocomposite powders", *Propellants Explosives Pyrotechnics*, vol. 35, no. 3, pp. 260 – 267, 2010.

[STA 11a] STAMATIS D., DREIZIN E. L., "Thermal initiation of consolidated nanocomposite thermites", *Combustion and Flame*, vol. 158, no. 8, pp. 1631 – 1637, 2011.

[STA 11b] STAMATIS D., DREIZIN E. L., HIGA K., "Thermal initiation of Al – MoO_3 nanocomposite materials prepared by different methods", *Journal of Propulsion and Power*, vol. 27, no. 5, pp. 1079 – 1087, 2011.

[STA 11c] STAMATIS D. et al., "Consolidation and mechanical properties of reactive nanocomposite powders", *Powder Technology*, vol. 208, no. 3, pp. 637 – 642, 2011.

[STA 11d] STALEY C. S. et al., "Silicon – based bridge wire micro – chip initiators for bismuth oxide – aluminum nanothermite", *Journal of Micromechanics and Microengineering*, vol. 21, no. 11, 2011.

[STO 13] STOVER A. K. et al., "An analysis of the microstructure and properties of cold – rolled Ni:Al laminate foils", *Journal of Materials Science*, vol. 48, no. 17, pp. 5917 – 5929, 2013.

[STO 14] STOVER A. K. et al., "Mechanical fabrication of reactive metal laminate powders", *Journal of Materials Science*, vol. 49, no. 17, pp. 5821 – 5830, 2014.

[STR 93] STRUTT A. J. et al., "Shock synthesis of nickel – aluminides", *Proceedings of the High – Pressure Science and Technology* – 1993, Pts 1 and 2, pp. 1259 – 1262, 1994.

[SUL 10] SULLIVAN K. T. et al. , "In situ microscopy of rapidly heated nano – Al and nano – Al/WO$_3$ thermites", *Applied Physics Letters*, vol. 97, no. 13, 2010.

[SUL 12a] SULLIVAN K. T. , KUNTZ J. D. , GASH A. E. , "Electrophoretic deposition and mechanistic studies of nano – Al/CuO thermites", *Journal of Applied Physics*, vol. 112, no. 2, 2012.

[SUL 12b] SULLIVAN K. T. et al. , "Electrophoretic deposition of binary energetic composites", *Combustion and Flame*, vol. 159, no. 6, pp. 2210 – 2218, 2012.

[SUL 12c] SULLIVAN K. T. et al. , "Reactive sintering: an important component in the combustion of nanocomposite thermites", *Combustion and Flame*, vol. 159, no. 1, pp. 2 – 15, 2012.

[SUL 13] SULLIVAN K. T. et al. , "Synthesis and reactivity of nano – Ag$_2$O as an oxidizer for energetic systems yielding antimicrobial products", *Combustion and Flame*, vol. 160, no. 2, pp. 438 – 446, 2013.

[SUN 06] SUN J. , PANTOYA M. L. , SIMON S. L. , "Dependence of size and size distribution on reactivity of aluminum nanoparticles in reactions with oxygen and MoO$_3$", *Thermochimica Acta*, vol. 444, no. 2, pp. 117 – 127, 2006.

[SUN 07] SUN J. , SIMON S. L. , "The melting behavior of aluminum nanoparticles", *Thermochimica Acta*, vol. 463, nos. 1 – 2, pp. 32 – 40, 2007.

[SUN 09] SUHARD S. et al. , "When energetic materials, PDMS – based elastomers, and microelectronic processes work together: fabrication of a disposable microactuator", *Chemistry of Materials*, vol. 21, no. 6, pp. 1069 – 1076, 2009.

[SUN 13] SUNDARAM D. S. et al. , "Effects of particle size and pressure on combustion of nano – aluminum particles and liquid water", *Combustion and Flame*, vol. 160, no. 10, pp. 2251 – 2259, 2013.

[SWI 03] SWISTON A. J., HUFNAGEL T. C., WEIHS T. P., "Joining bulk metallic glass using reactive multilayer foils", *Scripta Materialia*, vol. 48, no. 12, pp. 1575 – 1580, 2003.

[TAN 08] TANAKA S. et al., "Test of B/Ti multilayer reactive igniters for a micro solid rocket array thruster", *Sensors and Actuators A – Physical*, vol. 144, no. 2, pp. 361 – 366, 2008.

[TAT 13] TATON G. et al., "Micro – chip initiator realized by integrating Al/CuO multilayer nanothermite on polymeric membrane", *Journal of Micromechanics and Microengineering*, vol. 23, no. 10, 2013.

[TEP 96] TEPPER F., IVANOV G. V., "Activated aluminium as a stored energy source for propellants", *Proceedings of the 4th International Symposium on Special Topics in Chemical Propulsion*, Stockholm, Sweden, pp. 636 – 644, 27 – 28 May 1996.

[TEP 00] TEPPER F., "Nanosize powders produced by electro – explosion of wire and their potential applications", *Powder Metallurgy*, vol. 43, no. 4, pp. 320 – 322, 2000.

[TIL 01] TILLOTSON T. M. et al., "Nanostructured energetic materials using sol – gel methodologies", *Journal of Non – Crystalline Solids*, vol. 285, nos. 1 – 3, pp. 338 – 345, 2001.

[TRE 08] TRENKLE J. C. et al., "Phase transformations during rapid heating of Al/Ni multilayer foils", *Applied Physics Letters*, vol. 93, no. 8, 2008.

[TRE 10] TRENKLE J. C. et al., "Time – resolved x – ray microdiffraction studies of phase transformations during rapidly propagating reactions in Al/Ni and Zr/Ni multilayer foils", *Journal of Applied Physics*, vol. 107, no. 11, 2010.

[TRU 05] TRUNOV M. A. et al., "Effect of polymorphic phase transformations in Al_2O_3 film on oxidation kinetics of aluminum powders", *Combustion and Flame*, vol. 140, no. 4, pp. 310 – 318, 2005.

[TRU 06] TRUNOV M. A., SCHOENITZ M., DREIZIN E. L., "Effect

of polymorphic phase transformations in alumina layer on ignition of aluminium particles", Combustion Theory and Modelling, vol. 10, no. 4, pp. 603 – 623, 2006.

[UMB 06a] UMBRAJKAR S. M., SCHOENITZ M., DREIZIN E. L., "Control of structural refinement and composition in Al – MoO_3 nanocomposites prepared by arrested reactive milling", Propellants Explosives Pyrotechnics, vol. 31, no. 5, pp. 382 – 389, 2006.

[UMB 06b] UMBRAJKAR S. M., SCHOENITZ M., DREIZIN E. L., "Exothermic reactions in Al – CuO nanocomposites", Thermochimica Acta, vol. 451, nos. 1 – 2, pp. 34 – 43, 2006.

[UMB 08] UMBRAJKAR S. M. et al., "Aluminum – rich Al – MoO_3 nanocomposite powders prepared by arrested reactive milling", Journal of Propulsion and Power, vol. 24, no. 2, pp. 192 – 198, 2008.

[UME 07] UMEZAWA N. et al., "1,3,5 – Trinitro – 1,3,5 – triazine decomposition and chemisorption on Al(111) surface: first – principles molecular dynamics study", Journal of Chemical Physics, vol. 126, no. 23, p. 234702, 2007.

[VEC 94] VECCHIO K. S., YU L. H., MEYERS M. A., "Shock synthesis of silicides I: Experimentation and microstructural evolution", Acta Metallurgica et Materialia, vol. 42, no. 3, pp. 701 – 714, 1994.

[WAL 07] WALTER K. C., PESIRI D. R., WILSON D. E., "Manufacturing and performance of nanometric Al/MoO_3 energetic materials", Journal of Propulsion and Power, vol. 23, no. 4, pp. 645 – 650, 2007.

[WAN 01a] WANG Q. et al., "One – step synthesis of the nanometer particles of gamma – Fe_2O_3 by wire electrical explosion method", Materials Research Bulletin, vol. 36, nos. 3 – 4, pp. 503 – 509, 2001.

[WAN 01b] WANG Q. et al., "Preparation and characterization of nanocrystalline powders of Cu – Zn alloy by wire electrical explosion method", Materials Science and Engineering A – Structural Materials: Properties

Microstructure and Processing, vol. 307, nos. 1 – 2, pp. 190 – 194, 2001.

[WAN 04a] WANG J. et al., "Joining of stainless – steel specimens with nanostructured Al/Ni foils", *Journal of Applied Physics*, vol. 95, no. 1, pp. 248 – 256, 2004.

[WAN 04b] WANG J. et al., "Investigating the effect of applied pressure on reactive multilayer foil joining", *Acta Materialia*, vol. 52, no. 18, pp. 5265 – 5274, 2004.

[WAN 11] WANG L., LUSS D., MARTIROSYAN K. S., "The behavior of nanothermite reaction based on Bi_2O_3/Al", *Journal of Applied Physics*, vol. 110, no. 7, 2011.

[WAN 12] WANG S. X. et al., "An investigation into the fabrication and combustion performance of porous silicon nanoenergetic array chips", *Nanotechnology*, vol. 23, no. 43, pp. 1 – 7, 2012.

[WAN 13] WANG H. Y. et al., "Electrospray formation of gelled nano – aluminum microspheres with superior reactivity", *ACS Applied Materials & Interfaces*, vol. 5, no. 15, pp. 6797 – 6801, 2013.

[WEI 05] WEISER V. et al., "Influence of ALEX and other aluminum particles on burning behavior of gelled nitromethane propellants", *Theory and Practice of Energetic Materials*, vol. 6, pp. 838 – 846, 2005.

[WEI 09] WEISMILLER M. R. et al., "Dependence of flame propagation on pressure and pressurizing gas for an Al/CuO nanoscale thermite", *Proceedings of the Combustion Institute*, vol. 32, pp. 1895 – 1903, 2009.

[WEI 11a] WEINGARTEN N. S., RICE B. M., "A molecular dynamics study of the role of relative melting temperatures in reactive Ni/Al nanolaminates", *Journal of Physics – Condensed Matter*, vol. 23, no. 27, 2011.

[WEI 11b] WEISMILLER M. R. et al., "Effects of fuel and oxidizer particle dimensions on the propagation of aluminum containing thermites," *Proceedings of the Combustion Institute*, vol. 33, pp. 1989 – 1996, 2011.

[WEI 13a] WEIR C. et al., "Electrostatic discharge sensitivity and electrical conductivity of composite energetic materials", *Journal of Electrostatics*, vol. 71, no. 1, pp. 77–83, 2013.

[WEI 13b] WEIR C., Pantoya M. L., Daniels M. A., "The role of aluminum particle size in electrostatic ignition sensitivity of composite energetic materials", *Combustion and Flame*, vol. 160, no. 10, pp. 2279–2281, 2013.

[WRO 67] WRONSKI C. R. M., "The size dependence of the melting point of small particles of tin", *British Journal of Applied Physics*, vol. 18, no. 12, p. 1731, 1967.

[WU 10] WU C., LEE D., ZACHARIAH M. R., "Aerosol–based self–assembly of nanoparticles into solid or hollow mesospheres", *Langmuir*, vol. 26, no. 6, pp. 4327–4330, 2010.

[YAN 02] YANG Y., HAMBIR S. A., DLOTT D. D., "Ultrafast vibrational spectroscopy imaging of nanoshock planar propagation", *Shock Waves*, vol. 12, no. 2, pp. 129–136, 2002.

[YAN 03] YANG Y. Q. et al., "Fast spectroscopy of laser–initiated nanoenergetic materials", *Journal of Physical Chemistry B*, vol. 107, no. 19, pp. 4485–4493, 2003.

[YAN 12] YANG Y., XU D. G., ZHANG K. L., "Effect of nanostructures on the exothermic reaction and ignition of Al/CuOx based energetic materials", *Journal of Materials Science*, vol. 47, no. 3, pp. 1296–1305, 2012.

[YAN 14] YANG C. et al., "Fabrication and performance characterization of Al/Ni multilayer energetic films", *Applied Physics A: Materials Science and Processing*, vol. 114, no. 2, pp. 459–464, 2014.

[ZHA 07a] ZHANG K., FAN J.-H., HUANG Y.-H. et al., "Content and activity analysis of aluminum powder in nano–aluminum/PS microcapsules", *Hanneng Cailiao/Chinese Journal of Energetic Materials*, vol. 15, no. 5, pp. 482–484, 2007.

[ZHA 07b] ZHAO S. J., GERMANN T. C., STRACHAN A., "Melting and alloying of Ni/Al nanolaminates induced by shock loading: a molecular dynamics simulation study," *Physical Review B*, vol. 76, no. 10, 2007.

[ZHA 07c] ZHANG K. et al., "Development of a nano – Al/CuO based energetic material on silicon substrate", *Applied Physics Letters*, vol. 91, no. 11, 2007.

[ZHA 08] ZHANG K. L. et al., "A nano initiator realized by integrating Al/CuO – based nanoenergetic materials with a Au/Pt/Cr microheater", *Journal of Microelectromechanical Systems*, vol. 17, no. 4, pp. 832 – 836, 2008.

[ZHA 13] ZHANG F. et al., "In – situ preparation of a porous copper based nano – energetic composite and its electrical ignition properties", *Propellants Explosives Pyrotechnics*, vol. 38, no. 1, pp. 41 – 47, 2013.

[ZHO 10] ZHOU L. et al., "Time – resolved mass spectrometry of the exothermic reaction between nanoaluminum and metal oxides: the role of oxygen release", *Journal of Physical Chemistry C*, vol. 114, no. 33, pp. 14269 – 14275, 2010.

[ZHO 11] ZHOU X. et al., "Influence of Al/CuO reactive multilayer films additives on exploding foil initiator", *Journal of Applied Physics*, vol. 110, no. 9, 2011.

[ZHU 03] ZHUKOVSKII Y. F., JACOBS P. W. M., CAUSA M., "On the mechanism of the interaction between oxygen and close – packed single – crystal aluminum surfaces", *Journal of Physics and Chemistry of Solids*, vol. 64, no. 8, pp. 1317 – 1331, 2003.

[ZHU 11] ZHU P. et al., "Energetic igniters realized by integrating Al/CuO reactive multilayer films with Cr films", *Journal of Applied Physics*, vol. 110, no. 7, 2011.

[ZHU 13] ZHU P. et al., "Characterization of Al/CuO nanoenergetic multilayer films integrated with semiconductor bridge for initiator applications", *Journal of Applied Physics*, vol. 113, no. 18, 2013.

9 专业术语对照表

A

activation energy 活化能
active aluminum content 活性铝含量 t
adiabatic temperature 绝热温度
airbag initiator 气囊引发器
Al core 铝核
Al melting point 铝熔点
Al nanopowders 铝纳米粉
Al/Al_2O_3 ratio Al/Al_2O_3 比例
Al/CuO nanolaminates Al/CuO 纳米层状材料
Al/Ni multilayers Al/Ni 多层箔
Al aluminum nanopowders 纳米铝粉末
alkoxide precursors 醇盐类前驱体
alumina boiling temperature 铝沸点
alumina layer 氧化铝层
alumina polymorphs 氧化铝多晶态
aluminum diboride 二硼化铝
aluminum enthalpy of fusion 铝的熔化焓
amorphous Al_2O_3 无定形的 Al_2O_3

AP – based propellants　AP – 基推进剂

apparent flame propagation　表观火焰传播

aromatic amines　芳香胺

arrested reactive milling（ARM）　抑制反应球磨（ARM）

B

baffles　挡板

ball milled　球磨

BET diameter　BET 直径

bilayer spacing　双层膜间距

bimetallic　双金属

biological agent inactivation　生物制剂灭活

bipropellant systemes　双组元推进系统

bismuth trioxide　三氧化二铋

brazing of secondary reactions　二次反应钎焊

brazing　钎焊

bulk aluminum melting temperature　铝的熔点

bulk density　堆积密度

bulk heat capacity　体积热容量

bulk melting temperature　宏观尺度铝的熔点

burning rate　燃烧速率

C

calorimetry　量热法

chemical composition　化学组成

CO_2 laser　CO_2 激光

cold rolling　冷轧

cold spray　冷喷

colloidal suspension　胶体悬浮液

compressed gas gun 压缩气枪
conductive deflagration 爆燃热传导
confined chamber 密闭腔室
confined combustion tests 密闭燃烧测试
consolidated thermite 凝结铝热剂
cooling jacket 冷却夹套
Core – shell structures 核壳型材料
cryogenic melting 低温熔融
cryogenic milling 低温球磨
cryogenic propellants 低温推进剂
nanoparticles 纳米颗粒
nanowires 纳米线

D, E

degree of oxidation 氧化程度
dense materials 致密材料
dense reactive material 致密活性材料
differential scanning 差示扫描
differential scanning calorimetry(DSC) 差示扫描量热测试
diffusive mechanism model 扩散机理模型
discharged spark 电火花点火
DNA – based assembly 借助 DNA 组装
e – beam evaporation 电子束蒸发
EELS 电子能量损失谱
electric arcs 电弧
electrical explosion wire(EEW) 电爆炸线
electrical explosion 电爆炸
electrochemical anodization 电化学阳极氧化
electron microscopy 电子显微镜

electrophoretic depositions（EPD） 电泳沉积技术

electrostatic forces 静电力

energy sources 能量源

equation of conservation of energy 能量守恒方程

equilibrium temperature 平衡温度

equivalence ratios 当量比

ESD 静电放电

ESD ignition sensitivity 静电发火感度

evaporation 蒸镀

exothermic reaction 放热反应

F, G

flame propagation 火焰传播

flame velocity 火焰速率

fluoropolymers 含氟聚合物

foils 箔

fuel lean 贫燃体系

fuel rich 富燃体系

fuel types 燃料种类

fuel rich mixtures 富燃混合物

fundments of the oxidation 氧化基本规律

fusing application 加速熔融

gas dynamics 气体动力学

gelled nitromethane 硝基甲烷凝胶

gelled propellants 胶体推进剂

grain boundary 晶界

H, I

heat release 放热

heating rate　加热速率

hexane　正己烷

high energy ball milling　高能球磨技术

high energy planetary ball milling　高能行星式球磨

high-rate heating　高速加热

hot spots　热点

hydrogen production　氢气制造

hydroxide　氢氧化物

ignition delay　点火延迟

ignition energy　点火能量

ignition model　点火模型

ignition of secondary reactions　二次点火反应

ignition temperature　点火温度

impact initiation　冲击引发

impact velocity　冲击速度

in situ welding　原位焊接

induction heaters　感应加热

interfacial surface tension　表面张力

intermetallic　金属间化合物

intermixing zone　混合区域

iron oxide　铁氧化物

J, K, L

joining metals　焊接金属

joining of secondary reactions　接合二次反应

kinetic equation of oxidation　氧化动力学方程

kinetic limited regime　动力学控制理论

laminate　层状材料

lasers　激光

ligands 配体

light scattering 光散射

liquid phase chemistry 液相湿化学法

local equilibrium thermodynamic 局部平衡热力学

low – angle light scattering（LALS） 低角度光散射

low – temperature joining 低温焊接

M

magnetron sputtering 磁控溅射法

manufacturing 制备

mass balance 质量平衡

mechanical methods 机械法

mechanical milling 机械研磨

mechanical rolling 机械碾压

mechanical shock 机械冲击

melt – dispersion mechanism 熔融分散机理

metal – based passivation layers 金属基钝化层

metalized gelled propellants 金属化胶体推进剂

metallic coating 金属基包覆

metallic wire 金属丝

metastable intermolecular composites 亚稳态分子间复合物

microballoon 微球

microchannels 微通道

microdiffusion flame burner 微型扩散火焰燃烧器

micro – electromechanical systems（MEMS） 微机电系统

microfluidic 微流体

microfluidic jet injectors 微流喷射注射器

microfluidic valve 微流体阀门

microheater 微加热器

microignition chip 微点火芯片
microrockets 微型火箭
microthruster 微型推进器
milling process 研磨系统
milling vessel 研磨罐
mixing intimacy 混合均匀度
mixture ratio 混合配比
modern technologies 现代技术
molecular oxygen 分子氧
molecular self – assembly 分子自组装
molten clusters of Al 熔融的金属铝团簇
molten ejected Al 熔融喷射铝
molybdenum trioxide 三氧化钼
mrownian motion 布朗运动
multilayer nanofoils 多层纳米箔
multilayer combustion 多层燃烧

N, O

nanochargers 纳米充电器
nanoenergetic materials 纳米含能材料
nanoenergetic on a chip 芯片纳米含能材料
nanolaminates 纳米层状材料
nanopores 纳米孔
nanopowders 纳米颗粒
nanostructured 纳米结构
nanothermite 纳米铝热剂
nanowires 纳米线
new materials processing 新材料加工
nitromethane 硝基甲烷

nonmetallic oxide (oxidizer)　非金属氧化物（氧化剂）

oleic acid　油酸

onset　起始点

onset temperature　起始温度

open tray experiments　开放环境实验

ordnance systems　武器系统

organic coating　有机类包覆层

organic impurities　有机杂质

oxidation growth kinetics　氧化生长动力学

oxidation growth modeling　氧化生长模型

oxidation process　氧化过程

oxidation thermodynamics　氧化的热力学

oxidation reduction　氧化还原

oxidizing species　氧化物

oxygen penetration　氧渗透

P

packing density　堆积密度

partial pressure　分压

particle morphology　粒子形态

passivation layer　钝化层

passivation shell fracturing　钝化层破碎

perfect gas law　理想气体定律

perfluorotetrdecanoic acid (PFTD)　全氟代十四酸

perfluorsebacic acid (PFS)　全氟癸二酸

phase transformation　相变

physical mixing　物理混合

physical vapor deposition　物理气相沉积法

plasma　等离子体

polethyleneterephtalate（PET） 苯二甲酸乙二醇酯

polysilicon resistance 多晶硅电阻

power law 幂律

pre–exponent 指前因子

premix width 混合宽度

oscillatory combustion 振荡燃烧

premixing 预混

pressure burst 压力脉冲

pressure bursts 破裂压力

pressure cell 压力罐

pressure mediated molecular delivery 压力介导的分子输运

pressure time measurements 压力–时间测试

pressurization rate 压力变化速率

propellant formulations 推进剂配方

propulsion 推进

protective oxide 保护性氧化

purity P 纯度 P

pyroMEMS 含能微机电系统

pyrophoric 自燃

R, S

radiation 辐射

radiative heaters 辐射加热

rapid expansion of a supercritical dispersion（RESD） 超临界快速分散法

reaction zone 反应区

reactive joining 反应性焊接

reactive porous silicon 活性多孔硅

reactive systems 反应系统

reactivity 反应活性

relative bonding 反应性焊接

self assembly techniques 自组装技术

rocket propellants 火箭推进剂

rolling 轧

safe – and – arm devices 安保装置

scanning electron microscopy 扫描电子显微镜

sealing of secondary reactions 二次反应密封

self propagation rate 自蔓延燃烧速率

self propagating flame 自蔓延燃烧火焰

self propagating reactions 自蔓延反应

shock – wave 冲击波

shrinking core model 核收缩模型

Silicon bridge wire technology 硅桥丝技术

small atellites 微型卫星

solder layers 焊层

soldering 焊接

sol – gel chemistry 溶胶凝胶化学技术

solid propellants 固体推进剂

sonication 超声

spallation of the shell 壳散裂

spark 电火花

specific impulse 比冲

sputtering 溅射

station keeping 控制位置

stearic acid 硬脂酸

STM experiments STM 实验

stoichiometric 化学计量

stoichiometry 化学计量比

strand burner experiments 燃烧管实验

substrate 基片

supercritical fluids 超临界流体
superthermites 超级铝热剂
surface functionalization 表面处理
surface limited combustion process 表面控制燃烧过程

T

tetramethylethylene – diamine 四甲基乙二胺
tghrust impulse 推力比冲
theoretical density 理论密度
thermal diffusivity 热扩散率
thermite reaction 铝热反应
thermodynamic models 动力学模型
thermogravity analysis (TGA) 热重分析
time delay 延迟时间
transformation process 相变过程
transmission electron microscope (TEM) 透射电镜
transport by diffusion 扩散输运
trialkylaminesm 三烷基胺
tunability 可调节

U, V, W, X

ultrasonic mixing 超声混合
ultrasonication 超声
uniform heating 均匀加热
unstable 不稳定
vapor deposition method 气相沉积技术
vapour phase condensation 气相凝结法
Vielle's power law Vielle 定律
welding 焊接
xerogel 干凝胶